Ruihe

Decoration

中华人民共和国成立 70 周年建筑装饰行业献礼

瑞和装饰精品

中国建筑装饰协会　组织编写
深圳瑞和建筑装饰股份有限公司　编著

中国建筑工业出版社

Ruihe Decoration

匠心 诚信 稳健
共赢 感恩 热忱

editorial board

丛书编委会

顾 问	马挺贵	中国建筑装饰协会 名誉会长
主 任	刘晓一	中国建筑装饰协会 会长
委 员	王本明	中国建筑装饰协会 总经济师
	李介平	深圳瑞和建筑装饰股份有限公司 董事长
	顾伟文	上海新丽装饰工程有限公司 董事长
	古少波	深圳市宝鹰建设集团股份有限公司 董事长
	吴 晞	北京清尚建筑装饰工程有限公司 董事长
	叶德才	德才装饰股份有限公司 董事长
	庄其铮	建峰建设集团股份有限公司 董事长
	何 宁	北京弘高创意建筑设计股份有限公司 董事长
	杨建强	东亚装饰股份有限公司 董事长
	王汉林	金螳螂建筑装饰股份有限公司 董事长
	赵纪峰	山东天元装饰工程有限公司 总经理
	刘凯声	天津华惠安信装饰工程有限公司 董事长
	陈 鹏	中建深圳装饰有限公司 董事长
	孟建国	北京筑邦建筑装饰工程有限公司 董事长
	王秀侠	北京侨信装饰工程有限公司 总经理
	朱 斌	上海全筑建筑装饰集团股份有限公司 董事长

本书编委会

总指导　刘晓一

总审稿　王本明

主　编　李介平

副主编　胡正富　王明刚　陈如刚　邓本军
　　　　于　波　周　强　杨　斌　李冬阳
　　　　陈任远　陈　佳　陈　延　郭小冬
　　　　翁　祥

编　委　王偿和　孙冠哲　颜　欢　林望春
　　　　杨水金　李志明　刘　斌　卢少强
　　　　蒋　励　沈　翀　党伟华　唐中波
　　　　吴世杰　刘　婕　张大为　方恩荣
　　　　高云翔　魏惠强　袁维华　林韶安
　　　　黄和桂　王方召　臧　聪　张岳铅

foreword

序一

中国建筑装饰协会名誉会长
马挺贵

伴随着改革开放的步伐,中国建筑装饰行业这一具有政治、经济、文化意义的传统行业焕发了青春,得到了蓬勃发展。建筑装饰行业已成为年产值数万亿元、吸纳劳动力1600多万人,并持续实现较高增长速度、在社会经济发展中发挥基础性作用的支柱型行业,成为名副其实的"资源永续、业态常青"的行业。

中国建筑装饰行业的发展,不仅有着坚实的社会思想、经济实力及技术发展的基础,更有行业从业者队伍的奋勇拼搏、敢于创新、精益求精的社会责任担当。建筑装饰行业的发展,不仅彰显了我国经济发展的辉煌,也是中华人民共和国成立70周年,尤其是改革开放40多年发展的一笔宝贵的财富,值得认真总结、大力弘扬,以便更好地激励行业不断迈向新的高度,为建设富强、美丽的中国再立新功。

本套丛书是由中国建筑装饰协会和中国建筑工业出版社合作,共同组织编撰的一套展现中华人民共和国成立70周年来,中国建筑装饰行业取得辉煌成就的专业科技类书籍。本套丛书系统总结了行业内优秀企业的工程施工技艺,这在行业中是第一次,也是行业内一件非常有意义的大事,是行业深入贯彻落实习近平新时代中国特色社会主义理论和创新发展战略,提高服务意识和能力的具体行动。

本套丛书集中展现了中华人民共和国成立70周年,尤其是改革开放40多年来,中国建筑装饰行业领军大企业的发展历程,具体展现了优秀企业在管理理念升华、技术创新发展与完善方面取得的具体成果。本套丛书的出版是对优秀企业和企业家的褒奖,也是对行业技术创新与发展的有力推动,对建设中国特色社会主义现代化强国有着重要的现实意义。

感谢中国建筑装饰协会秘书处和中国建筑工业出版社以及参编企业相关同志的辛勤劳动,并祝中国建筑装饰行业健康、可持续发展。

序二

中国建筑装饰协会会长
刘晓一

为了庆祝中华人民共和国成立70周年，中国建筑装饰协会和中国建筑工业出版社合作，于2017年4月决定出版一套以行业内优秀企业为主体的、展现我国建筑装饰成果的丛书，并作为协会的一项重要工作任务，派出了专人负责筹划、组织，以推动此项工作顺利进行。在出版社的强力支持下，经过参编企业和协会秘书处一年多的共同努力，该套丛书目前已经开始陆续出版发行了。

建筑装饰行业是一个与国民经济各部门紧密联系、与人民福祉密切相关、高度展现国家发展成就的基础行业，在国民经济与社会发展中发挥着极为重要的作用。中华人民共和国成立70周年，尤其是改革开放40多年来，我国建筑装饰行业在全体从业者的共同努力下，紧跟国家发展步伐，全面顺应国家发展战略，取得了辉煌成就。本丛书就是一套反映建筑装饰企业发展在管理、科技方面取得具体成果的书籍，不仅是对以往成果的总结，更有推动行业今后发展的战略意义。

党的十八大之后，我国经济发展进入新常态。在创新、协调、绿色、开放、共享的新发展理念指导下，我国经济已经进入供给侧结构性改革的新发展阶段。中国特色社会主义建设进入新时期后，为建筑装饰行业发展提供了新的机遇和空间，企业也面临着新的挑战，必须进行新探索。其中动能转换、模式创新、互联网+、国际产能合作等建筑装饰企业发展的新思路、新举措，将成为推动企业发展的新动力。

党的十九大提出"人民日益增长的美好生活需要和不平衡不充分的发展之间的矛盾"是当前我国社会主要矛盾，这对建筑装饰行业与企业发展提出新的要求。人民对环境质量要求的不断提升，互联网、物联网等网络信息技术的普及应用，建筑技术、建筑形态、建筑材料的发展，推动工程项目管理转型升级、提质增效、培育和弘扬工匠精神等，都是当前建筑装饰企业极为关心的重大课题。

本套丛书以业内优秀企业建设的具体工程项目为载体，直接或间接地展现对行业、企业、项目管理、技术创新发展等方面的思考心得、行动方案和经验收获，对在决胜全面建成小康社会，实现"两个一百年"奋斗目标中实现建筑装饰行业的健康、可持续发展，具有重要的学习与借鉴意义。

愿行业广大从业者能从本套丛书中汲取营养和能量，使本套丛书成为推动建筑装饰行业发展的助推器和润滑剂。

Ruihe Decoration

走近瑞和

深圳瑞和建筑装饰股份有限公司（股票简称：瑞和股份，股票代码：002620）是国家级高新技术企业，成立于1992年，注册资金37863万元。公司具备建筑装饰设计施工、建筑幕墙设计施工、建筑工程施工总承包、机电、消防、电子与智能化、钢结构、古建筑、城市道路照明、承装（修、试）电力设施、医疗器械经营、展览陈列工程设计与施工一体化、特种工程专业承包（结构补强）等资质，是行业内资质种类、等级齐全的建筑装饰企业之一。

成就与荣耀 >>>

瑞和股份1996年取得了专项工程设计甲级、施工一级企业双甲资质，是中国建筑装饰行业的开创者之一，并于2011年上市，系行业第一批上市的5家公司之一。20多年来，公司先后承接了全国各地数千项建筑装饰重点工程项目，用品质缔造完美的建筑空间，树立起一座座精品工程的丰碑，为城市发展和中国经济发展作出了卓越的贡献。

公司市场营销战略布局全国，成立分支机构三十余家。公司设计、施工的最高人民法院办公楼、深圳市民中心、新郑机场、深圳证券交易所、菏泽大剧院、深圳腾讯大厦、深圳阿里云大厦、中广核大厦、广州大佛寺、中国人民解放军总医院海南分院、厦门世贸康莱德超五星级酒店、三亚亚特兰蒂斯超五星级酒店、南京卓美亚超五星级酒店、深圳JW万豪酒店等重点工程得到业主的广泛赞誉。

截至目前，公司施工的项目共获得鲁班奖及国家级工程奖项两百余项，省市级优质工程奖六百余项，连续十七年获评全国建筑装饰行业百强企业且名列前十，荣膺百强企业行业旗舰称号。

资质与许可 >>>

目前公司拥有的资质有：建筑装饰工程设计专项甲级、建筑幕墙工程设计专项甲级、建筑幕墙工程专业承包一级、建筑装修装饰工程专业承包一级、电子与智能化工程专业承包一级、建筑机电安装工程专业承包一级、展览工程企业一级、展览陈列工程设计与施工一体化一级、特种工程（限结构补强）专业承包不分等级、消防设施工程设计专项乙级、消防设施工程专业承包二级、市政公用工程施工总承包三级、钢结构工程专业承包三级、古建筑工程专业承包三级、建筑工程施工总承包三级、城市及道路照明工程专业承包三级、安全生产许可证、医疗器械经营许可证、光伏电力设施许可证。

地位与影响 >>>

瑞和股份是中国建筑装饰协会副会长单位、中国建筑装饰专家学者协会副会长单位、中国建筑装饰研究院副院长单位、广东省装饰行业协会副会长单位、广东省建筑业协会常务理事单位及深圳市装饰行业协会常务副会长单位。是首批全国建筑装饰行业AAA级信用企业，广东省市场监督管理局认定的"守合同重信用"企业及深圳市福田区纳税百佳民营企业。多次被评为中国建筑装饰协会优秀会员单位和深圳市装饰行业协会优秀企业。

2001年公司在行业内率先通过ISO9001质量管理体系、ISO14001环境管理体系和

OHSAS18001 职业健康安全管理体系认证。公司于 2014 年被授予"国家高新技术企业"和"深圳市高新技术企业","深圳瑞和"现已成为深圳知名品牌并荣获"当代最受尊敬的品牌专业设计企业"称号。

<<< 理念与特色

公司长期专注于装饰主业,提出了"科技领先、工艺领先、供应链领先、管理领先和综合服务领先"的战略构想,坚持走可持续发展的道路。

科技领先　公司目前拥有各种核心技术专利 110 多项,率先推行 BIM 和 3D 打印技术在建筑装饰中的运用,积极引进互联网技术推动营销业务,将信息化平台应用贯穿在管理过程之中,倡导绿色装饰的环保概念。

工艺领先　公司建立了具有国际水平的设计研究院,打造农民工技能培训学校,培养技能型农民工。公司贯彻工艺标准,采取标准化、规范化的管理手段,加大工厂化、装配化的投资研发和应用力度。

供应链领先　公司业务覆盖区域广,先后在北京、上海、天津、广州等近 30 个省、市设立了分支机构,形成了覆盖全国的市场网络。与之相匹配的是公司强大的集中采购平台,平台覆盖近百个材料种类、上千家全国性战略合作供应商,确保了材料按时、保质、按量供应。

管理领先　公司拥有一支由行业骨干精英汇集而成的优秀管理团队,秉持"市场为大"的经营理念,贯彻"营销牵头,设计、工管、预算、集采五位一体"的管理模式,后台各模块支持前台市场营销,前台为客户提供全方位的服务。同时结合公司自主研发的 ERP 平台,既保证了项目的施工水准,亦使团队管理能力不断提升。

综合服务领先　经过二十余年的市场历练和创新发展,瑞和的品牌、管理团队、运营模式、研发能力和社会信誉均在业界获得充分认可,公司已经发展成为行业内最具成长前景的标杆企业之一。

◆ **使命**

<<< 使命与价值观

装点缤纷生活,成就辉煌梦想。

◆ **价值观**

匠心: 专注于工艺,用工匠精神力争将每一个工程做到极致,引领行业标杆;用心对待自己的工作,做到全力以赴,钻研每一个作品的细节,力求至臻至美。

诚信： 对客户诚实守信，履行瑞和六大承诺；以身作则，对工作、对同事、对家庭、对社会做到诚实守信。

稳健： 从业 20 余年，稳中求进、稳中求好、稳中求优，脚踏实地、勤奋努力、勇于创新、稳步发展。

共赢： 履行承诺，重视客户满意度，争取每个工程超越期望值；公司提供平台，让员工与公司一同发展。

感恩： 用感恩之心对待每一位客户、每一个项目；作为员工，感恩同事、感恩公司。

热忱： 殷勤好客，为客户提供优质的服务，以满腔热忱面对美好明天。

企业重大发展历程 >>>

1992 年 8 月： 组建深圳瑞和装饰工程有限公司。
1996 年 6 月：经建设部核准晋升为专项工程设计甲级、施工一级企业。
1999 年 10 月：通过 ISO9001 国际质量管理体系认证。
2001 年 12 月：通过 ISO14001 环境管理体系认证。
2001 年 12 月：通过 OHSAS18001 职业健康安全管理体系认证。
2003 年 9 月：荣获 2002 年度中国建筑装饰行业百强企业，首获百强称号。
2007 年 12 月：荣获企业 AAA 级信用证书。
2008 年 12 月：被中国建筑装饰协会授予"改革开放 30 年建筑装饰行业发展突出贡献企业"称号。
2010 年 2 月：经广东省住房和城乡建设厅批准为建筑装修装饰工程专业承包一级。
2010 年 6 月：经住房和城乡建设部批准为建筑装饰工程设计专项甲级、建筑幕墙工程设计专项甲级。
2011 年 2 月：经广东省住房和城乡建设厅批准为机电设备安装工程专业承包一级、建筑智能化工程专业承包一级。
2011 年 8 月：于深交所中小板成功上市。
2012 年 9 月：获得中国建筑装饰行业百强企业评价 10 年庆典特别荣誉行业旗舰（2002—2011）。
2014 年 1 月：设计资质升级为建筑装饰工程设计专项甲级、建筑幕墙工程设计专项甲级。
2014 年 9 月：荣获国家高新技术企业证书、深圳市高新技术企业证书。
2015 年 7 月：迁至深圳市罗湖区深南东路 3027 号新办公楼。
2016 年 6 月：荣获"广东省著名商标"称号。
2017 年：公司成立二十五周年。
2018 年："瑞和家居"品牌创立，瑞和智能化进程提速。
2020 年：瑞和继续前行……

◆ 瑞和发展愿景：百年瑞和、行业旗舰、客户首选

公司于 2011 年成功登陆深圳中小板块，借助上市契机，利用资本资源，公司募投项目"建筑装饰材料综合加工项目、设计研发中心项目和企业信息化建设项目"的建成达产，将有助于公司的研发创新实力、资源整合能力、成本控制水平和市场地位的显著提升。

2015 年，公司进军光伏产业，于 2015 年 5 月 25 日与信义光能（香港）有限公司签订战略合作协议，瑞和从依赖传统单一的装饰主业转变为以公装及定制精装为基础产业、以光伏发电为支柱产业、以光伏建筑安装施工为辅助产业的三大产业并驾齐驱。

2015 年 7 月 10 日，公司迁至深南东路 3027 号的瑞和大厦。瑞和大厦的改造落成，塑造了深南东路的景观性地标建筑，涵盖了瑞和人竭力打造绿色环保、节能低碳的施工理念，凸显了瑞和公司在创新研发和高科技应用的水平和实力。站在一个新的起点，有更广阔的视野，瑞和的一个新梦想即将启航：把握机遇，形成更加强劲的实力和优势，打造瑞和百年品牌，实现瑞和人共同的价值和梦想。

未来，公司继续致力于装饰主业的转型升级，坚持工业化、规模化和环保化的发展之路。同时，不断加强科技创新，以节能环保为突破口，研发绿色可持续发展技术，不断加大对新材料、新技术、新发明等领域的投入，并将知识经验转化为专利知识产权，从而引领行业发展潮流，努力成为中国建筑装饰行业的顶级品牌和百年老店。

contents

目录

018	瑞和大厦室内外装饰工程
048	阿里巴巴阿里云大厦室内装饰工程
062	海航国际广场装饰工程
076	芜湖信义玻璃研发中心大楼室内装修工程
094	三亚亚特兰蒂斯酒店室内装修工程
112	南昌凯美开元名都大酒店机电安装及室内精装修工程
128	宝能桔钓沙莱华度假酒店室内精装修工程

140	中国五矿·哈施塔特项目装饰工程
158	太古城商业中心（南区）精装修及安装工程
172	广州市大佛寺佛教文化大楼室内装饰工程
186	深圳曼彻斯通城堡学校室内精装饰工程
212	观澜湖大宅别墅室内装饰工程

瑞和 装饰精品

瑞和大厦室内外装饰工程

项目地点
深圳市罗湖区深南东路 3027 号

工程规模
占地面积 1500m²

建设单位
深圳瑞和建筑装饰股份有限公司

开竣工时间
2013 年 2 月至 2015 年 7 月

获奖情况
2015—2016 年度中国建筑工程装饰奖

社会评价及使用效果
在最初的建筑外观定位上，特别邀请美国楷派国际建筑设计咨询有限公司参与讨论，最终确定了采用现代设计技术手法，以钻石概念为核心，打造一个由 75 个不规则体面组成，造型独特、极具美感的"钻石大厦"。并且应用前沿科技，利用计算机对能耗、通风、采光等进行模拟分析，实现了节能 60% 以上、节水 30% 以上的绿色建造目标

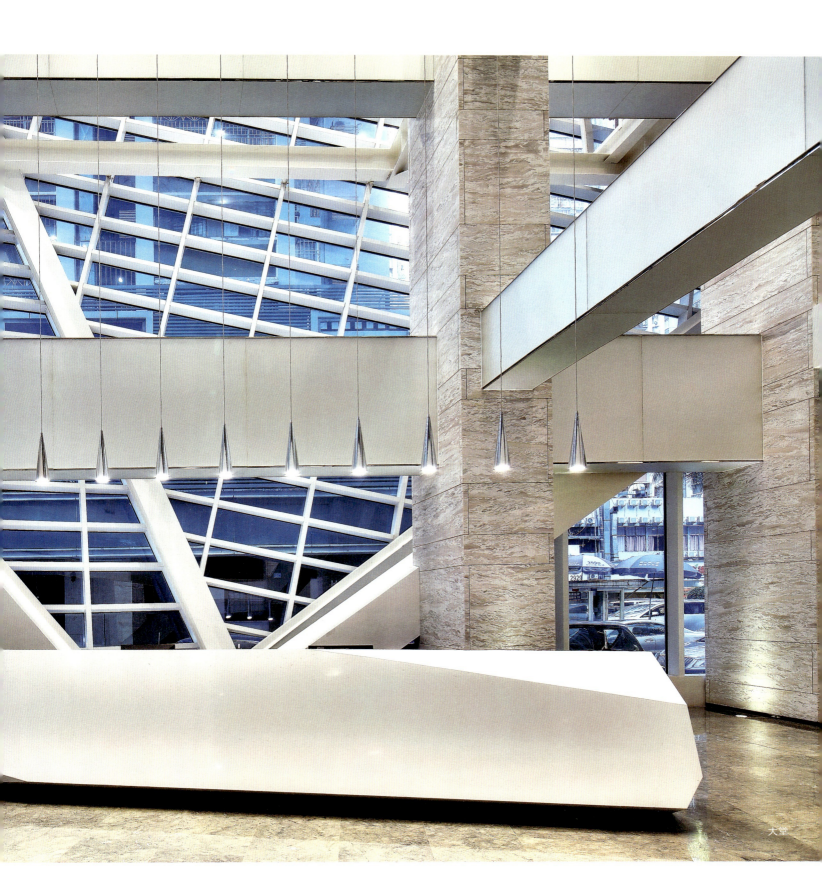

大堂

瑞和大厦外观

设计特点

瑞和大厦是建筑旧改项目的经典案例，是瑞和公司专业设计、技术创新、施工工艺技术和施工管理水平的综合展示，也是瑞和公司信息化管理、工业化装饰、绿色装饰和高新技术水平的集中体现。大厦建设围绕绿色、低碳和智能等方面，做了大胆探索和尝试。

入口雕塑"鲁班牛"，重5.0t，纯黄铜浇铸，将鲁班元素"牛头刨"与"牛"完美结合，象征勤劳、力量、财富。

空间介绍

建筑外观改造

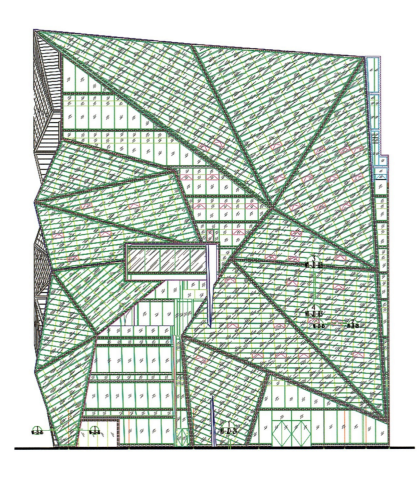

外观节点图

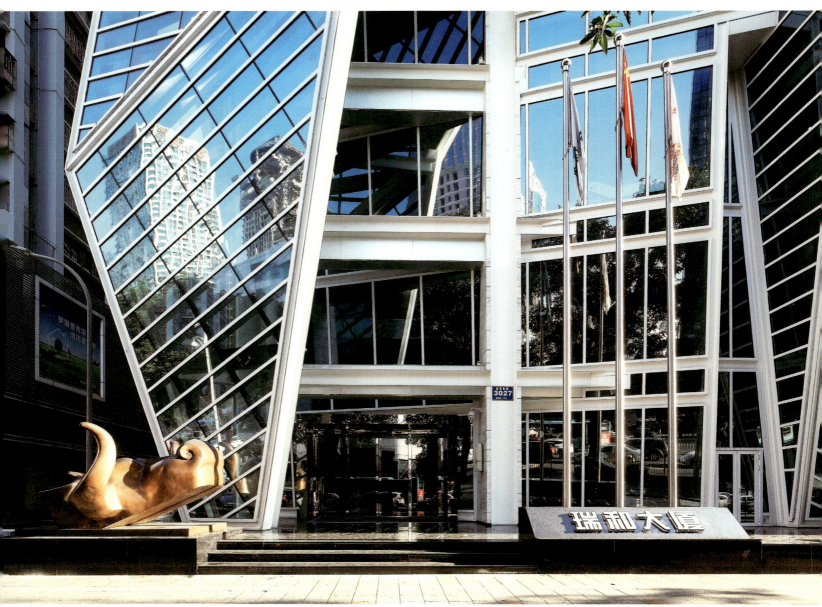

大厦入口

简介

原建筑是一座普通的钢筋混凝土建筑。在外观改造上采取钻石造型外墙的设计，突显出建筑的鲜明特性，赋予其时代感和尊贵、创新、成功的气质。建筑为钻石形体，幕墙由75个不规则单元面组成，立柱或横梁采用铝型材，固定于建筑钢构上，均采用Low-E夹胶中空钢化玻璃，空间交会点多且造型异常复杂，是整个大厦设计施工的重点和难点。

建筑轮廓水槽内嵌装LED条形灯具，与智能控制一起组成景观照明系统，可实现多种照明效果，与环境灯光交相辉映、相得益彰。

技术难点、重点及创新点分析

瑞和大厦结构设计难度高，造型复杂，施工组织较为困难，有很多细节施工需要提前做好图纸深化并精心组织。

外幕墙轮廓交会构造节点设计施工，是项目最大重点难点之一。外幕墙为多面体，各面不在二维而在三维空间，构件不规则，角度各不相同，尺寸也不同，且重量大。要设计一个通用的构造节点适用各种不同的角度面，要保证整个构造与建筑一体且安全稳定，要进行每个构造节点及构件边的测量放线并确定坐标，而这些点位都是悬在空中、不好标记，要使占用空间的异形钢构在有限现场位置存放。因此结构设计、结构计算、结构防水、钢构加工、钢构运输存放、测量定位和安装难度都异常大。

钻石玻璃屋设计施工是项目重点难点之二。空间多面体，不在二维而在三维，各面组成的角度不一致。要设计一个通用的构造节点适应各种不同的角度，由于存在安装误差，无法按理论下料，需一块块制模；玻璃尺寸大，重量大，异形且拼角多，安装位置高，现场空间十分有限。因此结构设计、结构计算、材料加工、材料运输、现场安装难度也异常大。

玻璃楼梯设计施工是项目重点难点之三。玻璃楼梯在悬空结构的基础上设计，对受力构件要求高；连接构造踏步及休息平台的玻璃为三片夹胶玻璃内嵌不锈钢螺母，加工易产生气泡和边部不整齐；休息平台玻璃孔位多，需结合现场孔位制模；钢构及玻璃重量大，操作十分不便。

廊桥设计施工是项目重点难点之四。廊桥跨度大，廊桥两端构造要求高以及玻璃生根构造、平台玻璃也为三片夹胶玻璃内嵌不锈钢母座，设计、加工和安装难度非常大。

既有建筑外观改造玻璃幕墙安装施工工艺

安装各楼层紧固铁件	主体结构施工时埋件预埋形式及紧固铁件与埋件连接方法，均要按设计图纸要求进行操作，一般有以下两种方式： 在主体结构的每层现浇混凝土楼板或梁内预埋铁件，角钢连接件与预埋件焊接，然后用螺栓（镀锌）与竖向龙骨连接。 主体结构的每层现浇混凝土楼板或架内预埋"T"形槽埋件，角

	钢连接件与T形槽通过镀锌螺栓连接，即把螺栓预先穿入T形槽内，再与角钢连接件连接。 紧固件的安装是玻璃幕墙安装过程中的主要环节，直接影响到幕墙与结构主体的连接牢固性和安全程度。安装时将紧固铁件在纵横两方向中心线进行对正，初拧螺栓，校正紧固件位置后，再拧紧螺栓。
横、竖龙骨装配	在龙骨安装就位之前，预先装配好以下连接件： 竖向主龙骨之间接头用的镀锌钢板内套筒连接件； 竖向主龙骨与紧固件之间的连接件； 横向次龙骨的连接件。 各节点连接件的连接方法要符合设计图纸要求，连接必须牢固，横平竖直。
竖向主龙骨安装	主龙骨一般由下往上安装，每两层为一整根，每楼层通过连接紧固铁件与楼板连接。 先将主龙骨竖起，上、下两端的连接件对准紧固铁件的螺栓孔，初拧螺栓。 主龙骨可通过紧固铁件和连接件的长螺栓孔上、下、左、右进行调整，左、右水平方向应与弹在楼板上的位置线相吻合，上、下对准楼层标高，前、后（即Z轴方向）不得超出控制线，确保上下垂直，间距符合设计要求。 主龙骨通过内套管竖向接长，为防止铝材受温度影响而变形，接头处应留适当宽度的伸缩空隙，具体尺寸根据设计要求，接头处上下龙骨中心线要对上。 安装到最顶层之后，再用经纬仪进行垂直度校正、检查无误后，把所有竖向龙骨与结构连接的螺栓、螺母、垫圈拧紧、焊牢。所有焊缝重新加焊至设计要求，并将焊药皮砸掉，清理检查符合要求后，刷两道防锈漆。
横向水平龙骨安装	安好竖向龙骨后，进行垂直度、水平度、间距等项检查，符合要求后，便可进行水平龙骨的安装。安装前，将水平龙骨两端头套上防水橡胶垫。用木支撑暂时将主龙骨撑开，接着装入横向水平龙骨，然后取掉木支撑后，两端橡胶垫被压缩，起到较好的防水效果。大致水平后初拧连接件螺栓，然后用水准仪抄平，将横向龙骨调平后，拧紧螺栓。安装过程中，要严格控制各横向水平龙骨之间的中心距离及上下垂直度，同时要核对玻璃尺寸能否镶嵌合适。

安装楼层之间封闭镀锌钢板	由于幕墙挂在建筑外墙，各竖向龙骨之间的空隙通向各楼层，为隔声、防火，应把矿棉防火保温层镶铺在镀锌钢板上，将各楼层之间封闭。为使钢板与龙骨之间接缝严密，先将橡胶密封条套在钢板四周后，将钢板插入吊顶龙骨内（或用胀管螺栓钉在混凝土底板上）。在钢板与龙骨的接缝处再粘贴沥青密封带，并敷贴平整。最后在钢板上焊钢钉，要焊牢固，钉距及规格符合设计要求。
安装保温防火矿棉	镀锌钢板安装完成之后，安装保温、防火矿棉。将矿棉保温层用胶黏剂粘在钢板上。用已焊的钢钉及不锈钢片固定保温层，矿棉应铺放平整，拼缝处不留缝隙。
安装玻璃	单、双层玻璃均由上向下，并从一个方向起连续安装，预先将玻璃用电梯运至各楼层的指定地点，立式存放，并派专人看管。 将框内污物清理干净，在下框内塞垫橡胶定位块，垫块要支撑玻璃的全部重量，需具有一定的硬度与耐久性。 将内侧橡胶条嵌入框格槽内（注意型号），嵌胶条方法是先间隔分点嵌塞，然后再分边嵌塞。 抬运玻璃（大玻璃应用机械真空吸盘抬运），先将玻璃表面灰尘、污物擦拭干净。往框内安装时，注意正确判断内、外面，将玻璃安嵌在框槽内，嵌入深度四周要一致。 将两侧橡胶垫块塞于竖向框两侧，然后固定玻璃，嵌入外密封橡胶条，镶、固要平整。
安装盖口条和装饰压条	玻璃外侧橡胶条（或密封膏）安装完成之后，在玻璃与横框、水平框交接处均要进行盖口处理，室外一侧安装外扣板，室内一侧安装压条（均为铝合金材），其规格形式要根据幕墙设计要求确定。 幕墙与屋面女儿墙顶交接处，应有铝合金压顶板，并有防水构造措施，防止雨水沿幕墙与女儿墙之间的空隙流入。安装时依据幕墙设计图进行。
擦洗玻璃	幕墙玻璃各组装件安装完之后，在竣工验收前，利用擦窗机（或其他吊具）将玻璃擦洗一遍，做到表面洁净、明亮。

公共大堂

空间简介

大堂是进入大厦的第一个功能空间，是展示企业文化、传递情感的重要空间。大堂通高4层，高度20m，空间错落，饰以爱奥尼亚石材的墙面、蓝色妖姬石材地面，

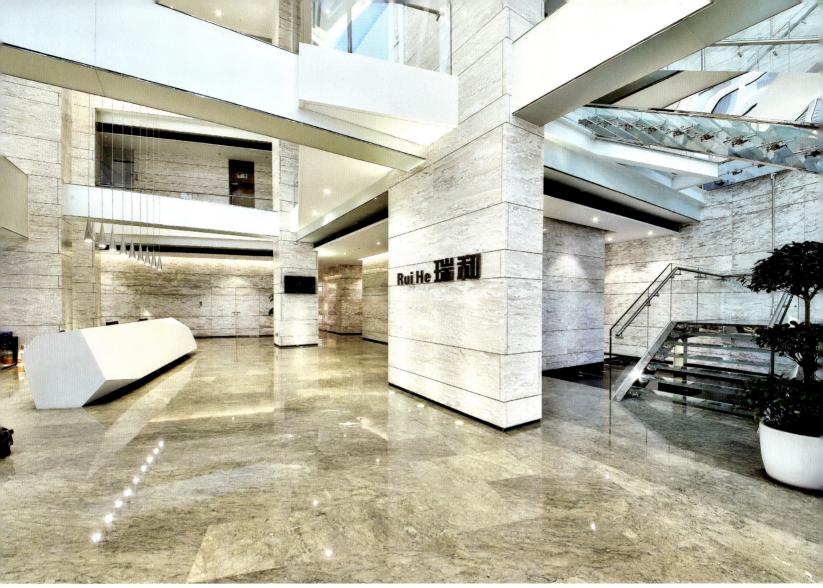

大堂细部处理

以及水砂面背烤漆玻璃点缀的横梁，凸显时尚气息。入口顶棚悬吊的钛金造型艺术饰品，在灯光映射下，熠熠生辉。

材料

地面石材、墙面石材、艺术玻璃、黑色不锈钢、钢化玻璃、轻钢龙骨石膏板吊顶。

技术难点、重点及创新点

墙面干挂大理石饰面。
地面大理石铺贴处理，水景处的防水、防潮、防渗漏处理方式。
多角度转角玻璃楼梯悬吊安装处理方式。
中空横梁艺术玻璃不锈钢收边收口处理方式。
电梯不锈钢门套及触摸按钮的处理方式。

中庭

空间简介

中庭位于四层，面积约 200m²，高度 30m，设有会议中心和企业展厅，是接待客户和展示企业文化的重要场所。中庭四周内幕墙均采用铝合金横梁立柱一级防火钢化超白玻璃，顶面亦采用夹胶中空钢化超白玻璃，自动遮阳帘。

主要特殊建筑设计有：
①不对称旋转门，重量达 600kg，轴承专门定制，轴承局部压强 达 2t/cm²。
②玻璃廊桥，由 4 根 18m 长的吊索承担廊桥全部荷载，桥面玻璃特殊加工。

材料：地面石材、墙面石材、艺术玻璃、黑色不锈钢、夹丝玻璃、轻钢龙骨石膏板吊顶。

技术难点、重点及创新点

本空间有大量的墙面木饰面及夹丝玻璃安装，不同材质之间的收边收口处理需要前期做好图纸节点深化，并在施工前做好技术交底。

墙面木饰面安装工艺

施工准备

技术准备
编制成品木饰面安装工程施工方案，并对工人进行书面技术及安全交底。

材料要求
①成品木饰面板应表面平整、边缘整齐，不应有污垢、裂纹、缺角、翘曲、起皮、色差、图案不完整的缺陷。胶合板、木制纤维板不应脱胶、变色和腐朽。
②龙骨和饰面板材料的材质均应符合现行国家标准和行业标准的规定。
③饰面板的安装宜使用进口"速得"发泡胶或同等质量产品。接触砖石、混凝土的木龙骨、预埋的木砖、木质产成品基板应做防腐处理。

作业条件
①成品木饰面板工程所用的材料品种、规格、颜色以及饰面板的构造、固定方法，

均应符合设计要求。
②木质成品龙骨必须使用指接材，饰面板必须完好，不得有损坏、变形弯曲、翘曲、边角破损等现象，并要注意不要碰撞和受潮。
③电气配件的安装，应嵌装牢固，表面应与饰面板的底面齐平。
④门窗框与饰面板相接处应符合设计要求。
⑤饰面板的下端如用木踢脚板覆盖，饰面板下端应离地面 20 ~ 30mm；如用大理石、水磨石踢脚时，护墙板下端应与踢脚板上口齐平，接缝要严密。
⑥做好隐蔽工程和施工记录。

材料的关键要求

①各类龙骨、配件和饰面板材料以及胶黏剂的材质应符合现行国家标准和行业标准的规定。
②人造板、胶黏剂必须有环保要求检测报告。

技术关键要求

弹线必须准确，经工业设计师复验后方可进行下道工序。固定沿顶和沿地龙骨（设计需要时），各自交接后应保持平整垂直，安装牢固。靠墙立筋应与墙体连接牢固紧密。边框应与基层连接牢固，确保整体刚度。按设计做好木材防火、防腐。

质量关键要求

①沿顶和沿地龙骨（设计需要时）与主体结构连接牢固，保证护墙板的整体性。
②饰面板应经严格选材，按照设计要求排尺，表面应平整光洁，木材表面花纹应符合设计要求。安装成品木饰面板前应严格检查基层的垂直度和平整度。
③对于潮湿场合接地处应使用防潮龙骨或基板。

施工工艺

弹线：在基层上弹出水平线和竖向垂直线，以控制护墙板的安装位置、平直度和固定点。

窗或特殊节点处，必要时使用附加龙骨，其安装应符合特殊要求。

成品木饰面板的安装：用专用卡件与基层固定，成品木饰面板与龙骨连接牢固。可用螺钉直接固定在龙骨上，也可用锚固件悬挂或嵌卡的方法，将木质产成品饰面板固定在墙体上。

墙体或基层板的安装允许偏差，应符合下表的规定。

安装允许偏差

项次	项目	允许偏差/mm	检验方法
1	立面垂直	2	用2m托线板检查
2	表面平整	2	用2m直尺和楔形塞尺检查

质量标准

主控项目

①木质成品饰面板材质、品种、规格、式样应符合设计要求和施工规范的规定。

②木质成品饰面板必须安装牢固，无松动，位置正确。

③饰面板无脱层、翘曲、折裂、缺棱掉角等缺陷，符合设计要求。

基本项目

①饰面板应顺直、无弯曲、变形和劈裂。

②饰面板表面应平整、洁净、无污染、麻点、锤印，颜色一致。

③饰面板之间的缝隙或压条，宽窄应一致，整齐、平直，压条与板接缝严密。

木质成品饰面板安装的允许偏差见下表。

项目	项次	允许偏差/mm				检验方法
		纸面石膏板基层	多层板基层	玻镁板	结构墙板	
1	表面平整度	1.5	1.5	1	2	用2m靠尺和塞尺检查
2	阴阳角方正	1	2	1.5	3	用直角检测尺检查
3	接缝直线度	1	1.5	1.5	3	拉5m线，不足5m拉通线用钢直尺检查
4	压条直线度	1.5	2	2	2	拉5m线，不足5m拉通线用钢直尺检查
5	接缝高低差	0.5	1	0.5	1	用钢直尺和塞尺检查

成品保护

①饰面板安装时，应注意保护顶棚内装好的各种管线和木骨架的吊杆。

②施工部位已安装的门窗，已施工完的地面、墙面、窗台等应注意保护，防止损坏。
③木质产成品饰面板材料，在进场、存放、使用过程中应妥善管理，使其不变形、不受潮、不损坏、不污染。

安全环保措施

①墙板工程的脚手架搭设应符合建筑施工安全标准。
②脚手架上搭设跳板应用钢丝绑扎固定，不得有探头板。
③工人操作应戴安全帽，注意防火。
④施工现场必须工完场清。设专人洒水、打扫，不能扬尘污染环境。
⑤有噪声的电动工具应在规定的作业时间内施工，防止噪声污染、扰民。
⑥机电器具必须安装触电保安器，发现问题立即修理。
⑦遵守操作规程，非操作人员绝不准乱动机具，以防伤人。
⑧现象保持良好通风，但不宜有过堂风。
⑨质量记录完整。
⑩材料应有合格证、环保检测报告。
⑪工程验收应有质量验评资料。

墙面夹丝玻璃安装工艺

材料要求

①玻璃的品种、规格、颜色、性能必须符合设计要求。
②玻璃必须有出厂合格证及相关检验报告。
③玻璃无裂纹、破边、掉角等缺陷。
④胶黏剂必须保证质量，胀缩性小，其物理化学性能必须符合环保标准要求。

主要施工机具

细齿锯、手刨、壁纸刀、刷子、卡子（夹具）、玻璃吸盘、气枪、玻璃胶胶枪。

施工的相关条件

基体（石膏板、细木工板）安装必须牢固、平整，接缝、腻子处理平实、无开裂现象；
基体表面清洁，无污染。
门窗套安装完毕，出线口定位准确。

施工工艺流程

放线定位→基层制作→粘贴玻璃→清理→成品保护。

施工技术措施

①放线定位：按照设计图在基层上弹线，进行分块预排。如发现设计图与现场实际尺寸有出入，应进行调整，调整后应经设计确认。

②基层制作应满足规范要求，表面应平整、基层应牢固。

③涂胶：涂胶应在基层表面进行，同时应在基层板上粘贴双面胶条，双面胶条粘贴多少以玻璃在玻璃胶有强度前，保证夹丝玻璃稳定、牢固为标准。

④粘贴夹丝玻璃：将夹丝玻璃对准已涂胶的基层位置，按照设计留缝宽度，进行粘贴，并均匀加压。特殊部位可用卡子夹紧。贴后及时除尽板缝中多余的胶液，避免干后清除困难。

⑤按照设计要求嵌缝、涂色。

⑥清理：将镜面玻璃表面的胶液擦除干净。

质量验收标准

①材料的品种、规格、颜色应符合设计要求及国家标准的规定。

②基层必须做好防腐及防火处理。

③玻璃与基层黏结要牢固，板块分格必须符合设计要求。

成品保护措施

①玻璃储存和运输时，严禁撞击、划伤，以防板材损坏。

②玻璃安装完成，嵌缝做好后，做好成品保护工作。

施工中注意的问题

①弹线必须准确，夹丝玻璃订货尺寸必须准确，安装时拉通线。

②施工时必须注意板块分格，板安装必须拉线找正，保证板缝横平竖直。施工压胶时，严禁用锤子敲击板面。

多媒体展厅、会议室

空间简介

多媒体展厅位于四层，建筑面积约 $120m^2$，能容纳 90 人，配备高清节能多媒体互动设备和展示屏幕。主要功能为对企业品牌、文化、工程案例等进行全面宣传和展示。会议中心还安装了先进的远程视频会议系统，为实现高效会议创造了条件，同时设置了智能照明，实现建筑节能并得到舒适体验。

多媒体厅

会议室

接待室 1

接待室 2

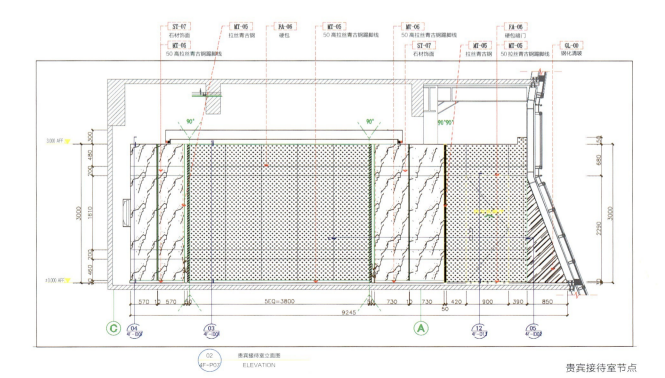

02 贵宾接待室立面图
4F-P07　ELEVATION

贵宾接待室节点

材料

地面地毯、墙面木饰面、艺术玻璃、黑色不锈钢、夹丝玻璃、墙纸、轻钢龙骨石膏板吊顶。

技术难点、重点及创新点

展厅是召开各项会议及对外宣传公司文化的重要场所，因此隔声的要求比较高。为满足此项功能，设计采用了墙面木质吸声板进行装饰处理。吸声板安装工艺是本空间的技术难点和重点。

墙面木质吸声板安装施工工艺

工艺流程

弹线→龙骨安装→吸声板安装→基层板安装→吸声板固定挂件→饰面板安装。

施工方法与技术措施

①弹线：根据设计图纸上的尺寸要求，先在墙上画出水平标高，弹出分格线。墙上加木楔的位置应符合龙骨分档的尺寸，横竖间距一般为300mm，不大于400mm。

②木龙骨安装：木龙骨含水率控制在12%以内。木龙骨应进行防火处理，可用防水涂料将木楞内外和两侧涂刷2遍，晾干后再拼装。根据设计要求，制成木龙骨架，整片或分色拼装。全墙面饰面应根据房间四角和上下龙骨先找平、找直，按面板分块大小由上到下做好木标筋，然后在空档内根据设计要求钉横、竖龙骨。

基层龙骨固定：安装木龙骨前应先检查基层墙面的平整度、垂直度是否符合质量要求，如有误差，可在实体墙与木龙骨架间垫衬方木来调整平整度、垂直度，同时要检查骨架与实体墙是否有间隙，如有间隙也应用木块垫实。没有木砖的墙面可用电钻打孔钉木楔，孔深应在40～60mm。木龙骨的垫块应与木龙骨用钉钉牢，龙骨必须与每一块木砖钉钉牢，在每块木砖上用2枚钉子上下斜角错开与龙骨固定。

③在墙面固定好的木龙骨之间，填满20mm厚吸声岩棉。

④九厘板安装在龙骨上作为基层，安装平整牢固无翘曲。表面如有凹陷或凸出需修正，对结合层上留有的灰尘、胶迹颗粒、钉头应完全清除或修平。

⑤木吸声板安装：根据设计施工图要求在已制作好的木作基层上弹出水平标高线、分格线，检查木基层表面平整和立面垂直、阴阳角套方。

木纹吸声板按设计要求进行选材裁割，然后采用两面涂刷强力胶粘贴，涂刷胶水必须均匀，胶水及作业面整洁。涂刷胶水后，应待胶水不粘手再粘贴，并用木块作垫块用榔头间接敲实。

平整性的施工要求

在镶贴施工前，要先检查基层的平整度，发现有局部凹陷或上凸处，要进行修整，凹陷处用油性腻子填平，上凸处用刨子刨平或用砂纸磨平，或用钉将凸处钉平。特别是贴薄型饰面板的木基面，对基层平整有较高的要求。

要求基层面边线平直方正。如基面边线不平直方正，而饰面板下料平直方正，就会在饰面板与基层的边部出现飞边或错位现象。如薄型的饰面板按边线不平直方正的基面镶贴，就会出现走形现象，从而影响装饰效果。所以要对不平直方正的基面修整。对多余的部分进行修刨。对缺位处，如果边线内凹缺位置不大时，可用油性腻子补直，如凹缺量大时，可用镶木条的方法，或者更换基面板。

基层面要认真清扫干净。基层面如留有灰尘、胶迹、钉头、颗粒，将会出现粘贴不牢、饰面麻点现象，大的颗粒会把饰面板顶起，从而产生鼓包，严重影响饰面效果。即便是将饰面板掀起重贴，也会因底胶问题而贴不平整。所以在贴饰面板时，要彻底清扫基面，将灰尘、胶迹、钉头和颗粒完全清除或修平。同时也要认真清扫饰面板的背面。还应保持施工场地及胶液的清洁，并注意在镶贴时，不要让胶液沾上颗粒杂物，用完后将剩余的胶液密封好。

镶贴面对口的处理

①对口应用原板边。两张饰面板如果在一个平面上对口拼接时，最好用饰面板的原板边来对口。因为大多数饰面板都是经机械加工统一制成，其边口处较平直，也较少有缺口现象。而用人工开裁饰面板，在开裁或修边时，往往会损伤饰面层，在对口处出现缺陷。

②饰面板的对口要尽量不在一个装饰面上，如需整面平贴大面积的装饰板，要尽量减少装饰上的对口。在贴前要测量装饰板的尺寸，并根据装饰板的原有尺寸来安排装饰面上的对口，尽量使对口最少。

③对口应安排在不显眼处。如果装饰面的高度或宽度大于装饰板的原整板高度或宽度,而需要对口拼缝时,应将对口拼缝安装在不显眼处。其原则是将对口拼缝处安排在 0.5m 以下或 2m 以上的部位。

④角位对口处要直。在直角位对口侧边要直,并最好采用原板边。薄饰面板可直接对口,3mm 以上的饰面板要采用倒角对口或压边对口。

吸声板的镶贴方法

进行裁切和镶贴时,要根据面板拼贴图案或拼贴方式的设计要求,将面板小心锯切,锯路要直、要防止崩边。锯切时还要留有 2～3mm 刨削余量。加工刨削时要非常严格细致,一般可将几块板成叠地夹在两块木板中间,用夹具将木板夹住,然后用刨子刨削到木板边。粘贴前要将被粘表面处理平整、光滑。可用刨子刨平,或用砂纸磨平,凹陷处要用腻子填平。常用的珍木板拼花图案,粘贴对拼时,用刷子将胶液均匀地刷涂在面板背面和基面被粘面处,粘贴后用干净的布将挤出的胶液擦去,并用手在饰面板上压按,使木饰面板紧紧地粘贴在木基面上。粘贴时还要注意使木的木纹纹理对称,并符合拼花图案要求,拼缝间距要尽量小。

钻石造型玻璃屋

钻石造型玻璃屋外观

玻璃屋内部

空间简介

穿越九层至十层的钻石造型玻璃屋，采用了不规则块面玻璃设计，上下双层空间，均为会议区，总高度 9.5m，单块玻璃最大面积 6m²，宛如晶莹剔透的钻石嵌入内幕墙之中。

材料

地面石材、钢化玻璃、钢构件。

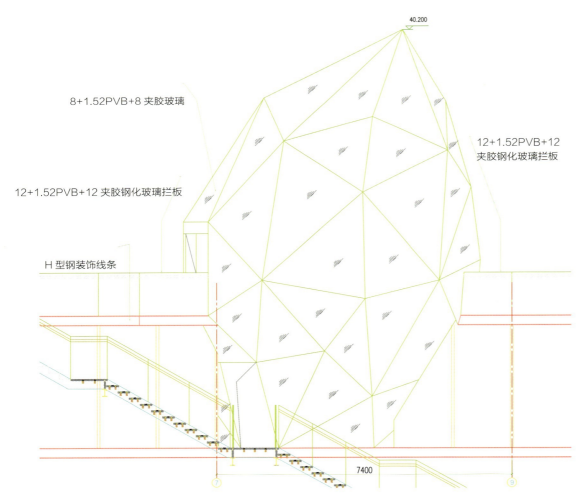

玻璃屋立面图

技术难点、重点及创新点分析

本空间主要构件是钢结构，钢结构连接固定方式及空间定点定位是施工技术难点和重点。前期需要做好节点深化和技术交底，并在施工过程中精确放线和放样。

屋顶园林

屋顶园林

空间简介

舒适宜人的办公室，室内园林、花艺、水景等和钻石玻璃屋、旋转玻璃楼梯共同营造健康宜人的办公空间。

材料

地面石材、防腐木地板、不锈钢。

屋顶园林与旋转楼梯

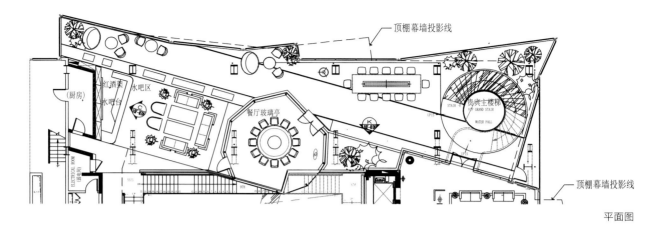

平面图

技术难点、重点及创新点分析

空中花园位于屋面，地面楼层防水、防潮、防渗漏是本空间的施工重点和难点。

屋面防水、防潮、防渗漏施工工艺

上人屋面基本构造层次

混凝土平屋面系统，结构自找坡。设置一道隔汽层，然后在保温层上面设置防水层，这样做能有效防止保温层吸水汽，才能保证保温效果。防水层在保温层上，也有利于检查和维修。在改性沥青防水卷材使用寿命中，卷材暴露屋面体系能有效保证屋面体系的完整性。

混凝土屋面卷材铺贴之前需涂刷基层处理剂，以修复基层缺陷、提高卷材与基层的黏结力。阴阳角、转角处及细部节点部位加设雨虹附加层专用卷材宽300mm。

细部节点防水做法图

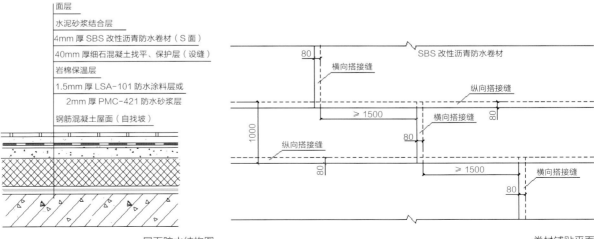

屋面防水结构图　　卷材铺贴平面图

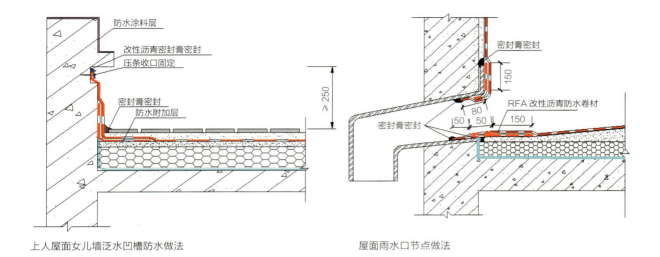

上人屋面女儿墙泛水凹槽防水做法　　屋面雨水口节点做法

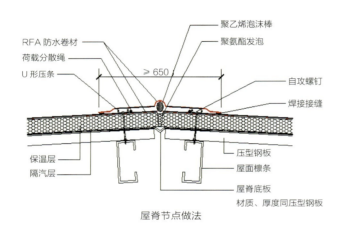

屋脊节点做法

施工工艺流程

施工准备

施工材料及机具准备：

主材及辅材：4mm 厚 SBS 改性沥青防水卷材、4mmRFA 阻燃型聚合物改性沥青防水卷材（PY）、JSA-101 聚合物水泥防水涂料（PMC-421 聚合物改性水泥基防水灰浆）BPS-201 基层处理剂、BSR-242 密封膏、收口压条及螺钉、专用附加层卷材等。

- 基层清理工具：小平铲、凿子、吹灰器、扫帚。
- 基层处理剂涂刷工具：滚动刷、毛刷。
- 卷材铺贴工具：弹线盒、剪刀、壁纸刀、卷材展铺器。
- 卷材热熔工具：喷灯、钢压辊、小压辊。

施工基层条件：

- 对基层进行清扫、清理，基层应坚实、干燥、干净、平整。
- 在转角、阴阳角、平立面交接处应抹成圆弧，圆弧半径不小于 50mm。
- 阴阳角、管根部等处更应仔细清理，若有不同污渍、铁锈等，应以砂纸、钢丝刷、溶剂等清除干净。
- 穿出屋面的构/管件安装完毕后方可进行防水施工。
- 如果需要应搭设脚手架进行卷材的吊装（以工程实际情况而定）。
- 做好安全、消防防备工作，配备足够的消防器材，保障消防道路的畅通。

施工工艺流程图

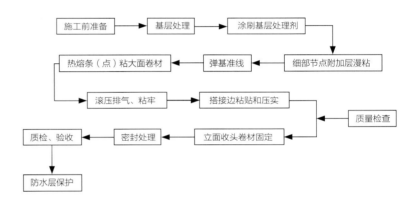

SBS 卷材的铺贴方向和铺贴顺序

屋面工程卷材铺贴方向，应根据屋面坡度方向而定，在坡度小于 3% 时，卷材平行于屋脊方向铺设，且卷材搭接缝顺应流水方向。

屋面工程卷材铺贴顺序：高低跨相毗邻时，先做高跨，后做低跨，同等高度的屋面先远后近，同一平面内先铺雨水口、管道、伸缩缝、女儿墙转角等细部，然后从屋面较低处开始铺贴。

操作要点及技术要求

基层检查、验收	选用适当工具清理基层，使基层平整、清洁、干燥，达到卷材施工条件。
涂刷专用基层处理剂	用长柄滚刷将基层处理剂涂刷在已处理好的基层表面，并且要涂刷均匀，不得漏刷或露底。基层处理剂涂刷完毕，达到干燥程度（一般以不粘手为准）方可施行热熔施工，以避免失火。

细部节点附加处理	对于转角处、阴阳角部位、出屋面管件以及其他细部节点均应做附加增强处理，附加层专用卷材为3mm厚PE膜面SBS卷材300mm宽。方法是先按细部形状将卷材剪好，在细部贴一下，尺寸、形状合适后，再将卷材的底面用汽油喷灯烘烤，待其底面呈熔融状态，即可立即粘贴在已涂刷一道基层处理剂的基层上，附加层要求无空鼓，并压实铺牢。
弹线、预铺第一道SBS卷材	在已处理好并干燥的基层表面，按照所选卷材的宽度，留出搭接缝尺寸（长、短边搭接宽度为80mm），将铺贴卷材的基准线弹好，以便按此基准线进行卷材铺贴施工。
热熔满粘防水卷材	将起始端卷材粘牢后，持火焰喷灯对着待铺的整卷卷材，使喷灯距卷材及基层加热处0.3~0.5m施行往复移动烘烤（不得将火焰停留在一处烧烤时间过长，否则易产生胎基外露或胎体与改性沥青基料瞬间分离），应加热均匀，不得过分加热或烧穿卷材。至卷材底面胶层呈黑色光泽并伴有微泡（不得出现大量气泡），及时推滚卷材进行粘铺，后随一人施行排气压实工序。
热熔融合搭接缝	搭接缝卷材必须均匀、全面地烘烤，必须保证搭接处卷材间的沥青密实熔合，且有5~8mm熔融沥青从边端挤出，沿边端封严，以保证接缝的密闭防水功能。
卷材收口	女儿墙、排风口/风道等（如果有）立面卷材终端收口应采用特制的专用收口压条（镀锌金属压条）及耐腐蚀螺钉固定（圆形构件卷材立面收口应采用金属箍紧固），沥青基密封膏密封，收口高度一般为不小于250mm。此做法在保证防水系统安全性能的前提下，对延长防水系统的安全使用寿命起到极大的帮助。
检查验收防水层	铺贴时边铺边检查，检查时用螺丝刀检查接口，发现熔焊不实之处及时修补，不得留任何隐患，现场施工员、质检员必须跟班检查，检查合格后方可进入下一道工序施工。待自检合格后按照《屋面工程质量验收规范》GB 50207—2012验收，验收合格后方可进入下一道工序的施工。

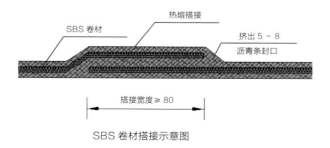

SBS卷材搭接示意图

整 体 验 收　　工程完工后，按照《屋面工程质量验收规范》GB 50207—2012 进行质量验收。

施工注意事项

①施工前，进行安全教育、技术措施交底，施工中严格遵守安全规章制度。
②施工人员须戴安全帽、穿工作服、软底鞋，立体交叉作业时须架设安全防护棚。
③施工人员必须严格遵守各项操作说明，严禁违章作业。
④施工现场一切用电设施须安装漏电保护装置，正确使用电动工具。
⑤立面卷材应由下往上推滚施工。
⑥基层处理剂涂刷完毕必须完全干燥后方可铺贴卷材。
⑦在点火时以及在烘烤施工中，火焰喷灯严禁对着人，特别是立墙卷材热熔施工时，更应注意施工安全。
⑧五级风及其以上时停止热熔施工。

卷材成品保护

①操作人员应穿干净软底鞋，施工过程中严禁穿钉鞋踩踏防水层。
②不得在未进行保护的防水层上拖运重型器物和运输设备。
③严禁在施工完成的防水层上打眼凿洞。
④屋面防水系统运行期间，每年应定期检查其运行情况，及时清理屋面落叶等杂物，保证屋面排水系统畅通。

楼顶光伏发电

大厦楼顶巧妙利用空间，安装光伏发电设施，为大厦照明提供电能，同时与电力系统并网运行。

楼顶光伏实景

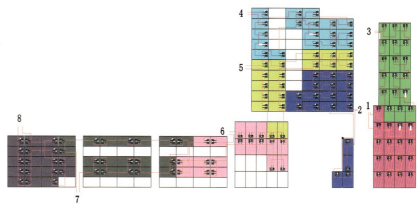

太阳能电池板布线图

阿里巴巴阿里云大厦室内装饰工程

项目地点
深圳市南山区科苑南路 3331 号

工程规模
装修面积 10800m^2，工程造价约 4800 万元

建设单位
传云网络技术（深圳）有限公司

开竣工时间
2015 年 1 月至 2015 年 9 月

获奖情况
2017—2018 年度中国建筑工程装饰奖

社会评价及使用效果
阿里巴巴深圳大厦项目包括阿里巴巴集团商业云计算研发中心和阿里巴巴集团国际运营总部，项目总建筑面积约 10 万平方米，建筑功能主要包括办公、商务中心、配套商业、地下车库、设备用房等，是集办公、研发、运营及商业配套于一体的综合性办公楼。项目北为登良路，南面为一条规划道路，西面与中心路相隔为中心和开敞空间，东面与科苑大道相隔，为内湾公园以及 F1 赛艇会场，生态环境、景观优越，受到客户的广泛好评

外幕

设计特点

深圳阿里巴巴阿里云大厦是由阿里巴巴投资兴建的办公楼，地处深圳市南山区后海金融区中心，由3层地下室及4座塔楼组成，工程地上最高为17层，建筑面积12万平方米，整个建筑外形呈积木状，宛如漂浮在深圳湾上空的"云"。本工程结构形式为钢筋混凝土+钢结构，外墙为玻璃幕墙，结构及外形较复杂，施工难度高。

随着信息时代的到来，人们对办公建筑已经不只是简单的功能需求，而是希望能在其中体验富有意义的生活场景。在这种开放自由的办公空间中所诞生的场所精神，带来了对企业的归属感与认同感以及面向未来的时代感。

空间介绍

A座大堂

简介

阿里云大厦的设计主题是"云"，"云"具象表达是云纹、波浪。顶棚造型做了云纹灯池、波浪凹槽，造型和灯光相得益彰。墙面石材的拼花采用十几种元素，形式有所变化，万变不离其宗。地面也使用了波浪形状，黑白两色石材拼接，对比与统一的关系表现强烈。"云"同时也是对阿里云企业的重要主题——高科技数据时代的抽象表达，用现代的材料和技术打造的接待台便是对这一主题的表现。背景墙的LED灯具采用简洁的图形表现飘浮状态，同时也展现了不同于传统的装饰形式。

材料

地面石材、人造石、乳胶漆、古堡灰石材。

顶灯与地面石材的协调

A 座大堂

技术难点、重点及创新点

接待台背景墙采用两种石材曲线拼接工艺，是此空间施工的重点和难点。

地面石材水刀拼花施工工艺

石材拼花运用广泛，酒店等高档场所装饰都不可缺少。石材由厂家用水刀机切割出来，其花纹、效果多变，加工技术高。

现场铺贴施工要点：
①石材拼花铺贴前，应将拼花表面朝外竖着靠墙摆放，四个角垫上泡沫，以防尖角损坏，严禁在表面上靠压重物。
②铺贴时应用高黏结力的水泥或石材瓷砖胶黏剂。
③基面应无松散物、油污，表面结实、平整、清洁。
④基层如不平整，应先用水泥做平，预留整片拼花厚度，胶黏剂厚 3～5mm。严禁在不平整的基面上直接铺贴。

⑤铺贴整朵拼花时需湿贴,周边石材若干贴,须先调整拼花尺寸(高度)基层。

⑥用带锯齿形泥板,调整好厚度再铺贴,保持平整无空鼓。

⑦整花可与周边石材或者瓷砖同时铺贴,保持花与石材或者瓷砖的平整度。

⑧微调平整时,要注意先用橡皮锤在中间轻轻敲几下,然后在边上再作调整。切勿用力敲击。

B 座大堂

空间简介

B 座大堂的设计语言完全延续 A 座,顶棚造型舒适开阔,墙面和地面和谐统一,墙面软装也随着图案的变化而排列,给人以动态的舒适感。高耸的石材饰面的柱子营造了庄严的空间氛围,高挑的玻璃幕墙为大堂提供了很好的采光条件,诸多设计元素统一成一个整体,体现了集团的气质。

材料

地面采用石材,墙面采用白色饰面板、壁纸装饰,局部采用玻璃,顶棚采用轻钢龙骨石膏板吊弧形顶。

大堂服务台设计

大堂植物墙

技术难点、重点及创新点

流线型跌级顶棚是本空间的施工技术难点和重点。施工前严格执行技术方案交底，施工中需要准确定位，做好放线放样工作。

顶棚石膏板吊顶流线型造型施工工艺

施工工艺流程

沿边龙骨安装→吊顶定位→承载龙骨安装→覆面龙骨安装→横撑龙骨安装→填充物安装→石膏板安装→石膏板表面处理

施工操作要点

沿边龙骨安装　　①应根据吊顶的设计标高在四周墙上弹线。弹线应清晰，位置应准确。
　　　　　　　　②沿墙面安装边龙骨。

吊顶定位	①按照设计，在四周墙面上弹线，标出吊顶位置。 ②在顶棚上弹线，标出吊杆的吊点位置。 ③吊杆应通直，距主龙骨端部不得超过300mm。 ④当吊杆与设备相遇时，应调整吊点构造或增设吊杆。 ⑤当吊杆长度大于1.5m时，应设置反支撑，以避免吸风效应。
承载龙骨安装	①在顶棚上沿弹线安装吊杆，两根吊杆间距不应超过1200mm，建议等分。 ②当采用螺纹吊杆时，可用承载龙骨吊件将吊杆和承载龙骨连接起来。 ③承载主龙骨靠墙端可搁置在边龙骨上。 ④承载主龙骨间距不应超过1200mm，建议等分。 ⑤承载主龙骨中间部位应适当起拱，起拱高度应不小于房间短向跨度的1‰～3‰。
覆面龙骨安装	①覆面龙骨垂直承载龙骨布置，通过卡件固定在承载龙骨上。 ②覆面龙骨间距一般为400mm，在潮湿环境下以300mm为宜。 ③覆面龙骨靠墙端可卡入边龙骨。
横撑龙骨安装	①根据设计要求，在覆面龙骨之间应安装横撑龙骨。 ②横撑龙骨间距一般为600mm。 ③横撑龙骨应用连接件将其两端连接在覆面龙骨上。 ④横撑龙骨与通长龙骨搭接处的间隙不得大于1mm。接头处要错缝300mm以上，不得同缝。 ⑤全面校正主、次龙骨的位置及平整度，连接件应错位安装。 ⑥填充物安装。 ⑦当吊顶有较高隔声、防火要求时，可内置填充物。 ⑧吊顶内填充的吸声、保温材料的品种和铺设厚度应符合设计和防火要求，应有防散落措施。 ⑨填充物可为岩棉、玻璃棉。
石膏板安装	①安装饰面板前应完成吊顶内管道及设备的调试和验收。 ②板材应在自由状态下进行安装，固定时应从板的中间向板的四周固定。 ③石膏板沿顶一端开始安装。 ④石膏板长向必须垂直覆面龙骨安装。 ⑤石膏板短边拼缝应错开，不得形成通缝。 ⑥安装双层石膏板时，上下层板的接缝应错开，不得在同一根龙骨上接缝。 ⑦自攻螺钉应陷入石膏板表面0.5～1mm深为宜，不应切断面纸，暴露石膏芯。钉眼应作防锈处理并用腻子抹平。 ⑧沿包封边安装自攻螺钉，自攻螺钉距板边应大于10mm，螺钉间距150～170mm。 ⑨沿切断边安装自攻螺钉，自攻螺钉距板边应大于15mm，螺钉间距150～170mm。

|石膏板表面处理|⑩板边间距 150mm，板中间距 200mm。
⑪房间内湿度过大时不宜安装。
⑫安装时，板材上不宜放置其他材料，防止纸面破损及受压变形。
①接缝处理：接缝产品包括填缝料、接缝纸带和接缝纤维带，可根据要求的施工速度、安装的简便程度和工作的特点来选择不同的接缝材料。
②抹灰处理：石膏板表面可涂抹 2 ~ 5mm 厚的满批石膏粉。

电梯厅

空间简介

电梯厅的顶棚设计为了增加纵向的视觉高度，在两侧做了反光灯池，墙面是玻璃饰面。反光材质与灯光共同呈现的效果就是能够在视觉上提升物理高度，使空间多一些亮点。电梯轿厢及墙面都做了竖向的 LED 灯带，加上地面釉面砖的折射作用，也进一步拉伸了纵向的视觉空间。墙面横向金属线条与纵向的装饰元素结合，起到平衡的装饰作用。

电梯厅入口

电梯厅灯光效果

材料

轻钢龙骨吊顶、木饰面、地毯。

技术难点、重点及创新点

不锈钢电梯门套的施工方法是此空间的施工重点。

材料要求

①18mm 厚大芯板、1.0mm 拉丝不锈钢板，其强度、厚度、规格尺寸应符合设计和规范的要求。
②与不锈钢匹配的胶黏剂，技术性能应符合设计要求和有关标准的规定，应有产品质量证明书。
③防火涂料防火性能应符合设计要求和有关标准的规定，应有产品质量证明书。

主要机具

焊机、焊钳、焊把线、手持电砂轮、电锤、水平尺、小电动台锯、气泵、气钉枪、手锤、靠尺、墨斗、钢卷尺、尼龙线、橡皮锤（或木锤）等。

作业条件

①电梯安装完，电梯门安装完毕。
②电梯厅墙面抹灰经验收后达到合格标准，工种之间办理交接手续。
③按图示尺寸弹好电梯门中线，并弹好 +50cm 水平线，校正门洞口位置尺寸及标高是否符合设计要求。
④认真检查半成品不锈钢板保护膜的完整性，如有破损的，应补粘后再安装。
⑤各种电动工具的临时电源已预先接好，并进行安全试运转。

不锈钢门套施工工艺

工艺流程：找平→定位与画线→打孔→下胀管→钉木方→安装衬板（大芯板）→安装不锈钢门套板。

①电梯门套进行装饰施工前，结构墙面不平或结构不满足尺寸的地方必须打凿，然后用水泥砂浆找平。
②定位与画线：应按电梯安装要求进行中心定位，弹好找平线。
③门套基层是 18mm 厚大芯板用木条和木方固定，竖向间距控制为 200～400mm，边口用细木条塞缝，在弹好的线上用电锤打孔，大芯板已刷防火涂料。
④将塑料胀管放入孔中，深度不小于 50mm。
⑤用气钉将锯好的大芯板按要求固定在木方上，要保证大芯板的平整度。

⑥大芯板安装必须牢固、无松动现象，不平的应加木方垫平后固定。

⑦拉丝不锈钢面层用混合胶黏结，不得有翘边、凹凸不平等现象，垂直度与平整度应达到规范要求。

注意事项

①注意保护好电梯设备和电梯门。

②注意不要将水洒到电梯设备上。

③用电锤打孔，打在钢筋上注意电锤不要伤人。

成品保护

①材料运输使用电梯时，应对电梯采取保护措施。

②材料搬运时要避免损坏楼道内顶、墙、地面、扶手、楼道窗户以及楼道门。

③各工种在施工中不得污染、损坏其他工种的半成品、成品。

④材料表面保护膜应在工程竣工时拆除。

会议室

空间简介

会议室的顶棚设计采用了新的手法，运用了材质的漫反射，斜面反射的光更加柔和。墙面做了玻璃饰面，考虑到会议中需要书面表达的需求，索性做了一整面，既满足功能要求又达到装饰的效果。同时玻璃饰面也能够在一定程度上增加空间的通透感。地面运用黑、白、灰三色拼接的地毯，稳重严谨。会议桌是围合样式，中心填满绿植，减少了距离感，增添了轻松愉快的办公气氛。

大会议室

小会议室

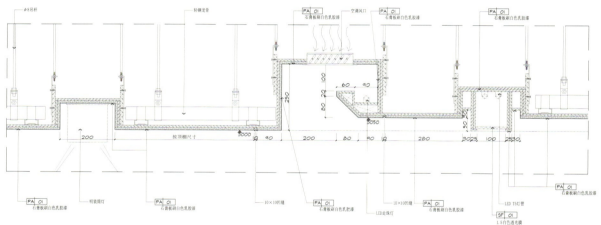

会议室顶棚大样

材料

木饰面、拉丝不锈钢、墙纸、吸声板、乳胶漆、方块地毯。

技术难点、重点及创新点

创新点在于顶棚运用了多层板打底，做成倾斜形状，并且内置灯带和风口，既隐藏了通风口又增加了顶棚的设计细节。

地面方块地毯的施工工艺

工艺流程

检验地毯质量→技术交底→准备机具设备→基层处理→地面基层找平→弹线套方、分格定位→块毯铺设→细部处理收口→成品保护→检查验收。

操作工艺

基 层 处 理	把沾在基层上的浮浆、落地灰等用錾子或钢丝刷清理掉，再用扫帚将浮土清扫干净。
地面基层找平	地面基层找平前需按图纸设计装饰面标高推算找平层标高并弹出沿墙水平线，按 2m×2m 间距做好标高砂浆塌饼后进行素混凝土找平，如果存在局部找平层过薄的问题，那么此部位的原地坪必须进行斩毛后洒水特别处理，同时对此部位的砂浆可掺入一定量的地坪胶黏剂，提高与原地坪的黏结性能，防止找平层起壳。
弹 线 套 方、分 格 定 位	严格依照设计图纸对房间的铺设尺寸进行度量，检查房间的方正情况，并在地面弹出地毯的铺设基准线和分格定位线。可按房间中线往两边均分的弹线原则，做到每块地毯位置均在地坪上弹出。
块 毯 铺 设	块毯的簇绒有方向性，铺设方向不一样可产生不同的颜色机理效果，因此铺贴前应取得设计师的意见后再进行施工。另外需注意在墙边收边裁剪块毯时，应小心裁在簇绒与簇绒的中间位置，防止切坏簇绒根部橡胶囊。
细部处理收口	如果块毯与不同材质相接处标高一致，如大理石、地砖、木地板等材料交接处，可采用铝质 T 形收口条；如果标高不一致，可以采用 45°、L 形收口条进行收口。

海航国际广场装饰工程

项目地点
海南省海口市龙华区滨海大道 109-9 号

工程规模
工程造价约 3800 万元，施工装修面积 214404m²

建设单位
海南海控置业有限公司

设计单位
LEO 国际设计公司

开竣工时间
2014 年 5 月至 2016 年 04 月

社会评价及使用效果
滨海大道为海口市景观大道，是海口城市中央商务轴线，肩负国际滨海商务形象展示重任，标杆价值不可复制。海航国际广场以其绝对的高度优势（主体建筑高达 249.7m，地下 3 层，地上 54 层，建成后为海南省第一高楼）成为海口市商务制高点、海口市地标性商务巨擘，装修完成后使用效果很好，获得业主高度评价

夜景

设计特点

海航国际广场，畅享海口最大的热带滨海特色和生态风景园林万绿园、会展中心、国贸商圈内无可比拟的顶级城市配套，北眺琼州海峡，南观秀英古炮台，更可俯瞰海口市全景，以精工技术，铸造城市风景的稀世瑰宝。

电梯厅

销售中心模型区

工程外立面采用全玻璃幕墙的设计,幕墙选用北京水立方的幕墙供应商远大集团出产的双层中空 Low-E 玻璃,可以更好地隔声、隔热、防辐射,且这种玻璃保温隔热效果好,为室内的新风系统节约能源,体现了科技环保的设计理念;A 座的南北两侧做了漂亮的弧面对称处理,体现了建筑线条的流畅美,每一块玻璃都具有独特的弧度。是集办公、公寓于一体的综合性建筑,位于海口市的中央商务轴线上。设计风格低调奢华,运用优质的材料呈现简约大气的空间,定位于都市白领这一消费群体。

空间介绍

销售中心模型区

简介

销售中心模型区位于大堂的左侧,整面背景墙干挂石材,营造空间的体量感,能够直观地展示每栋楼在小区中的位置,还能清楚地还原小区周边的交通、商业、学校、医院配套等情况,是销售工作人员在此与客户进行直观地沟通讲解的重要位置,能够为楼盘增加魅力值。装修运用新古典的设计风格,大块的石材与玫瑰金不锈钢拼接,作为模型区的整体造型背景墙,营造简约而不失华丽的设计效果。顶棚造型是石膏板吊平顶凹缝处理。下方做暖色灯带增加氛围。地面米黄色石材与墙面的冷色调形成鲜明对比。

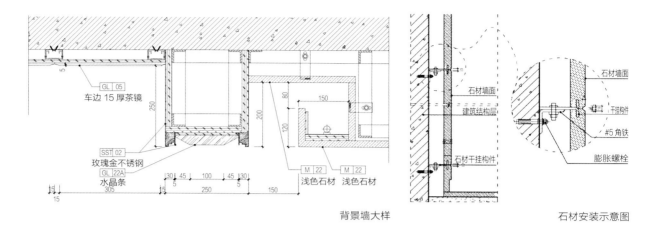

背景墙大样　　　　石材安装示意图

材料

白玉石石材，银河黑月石材，玫瑰金不锈钢，古铜色、白色乳胶漆。

技术难点、重点及创新点

石材墙面的安装及拼接方式是此空间的施工重点。

施工工艺流程：基层清理→放样弹线→钢骨架焊制安装→挂件安装→固定石材→清理。

基层清理	清理基面，将土建施工留在墙上的灰垢、浮浆清除干净。
放样弹线	以实地轴线标高，并放好各部位的垂直槽钢线。
钢骨架焊接安装	①预埋件采用 240mm×200mm×12mm 镀锌钢板及 $\phi 12\times 100$ 膨胀螺栓进行固定。 ②框架结构，采用槽钢骨架，楼层梁上未预埋铁码，本项目采用膨胀螺栓固定铁码代替预埋，铁码规格为 56mm×56mm×5mm，150mm 长，用 4 个铁码固定槽钢。 ③基面（梁面与墙面）与外皮（板材）距离为 125mm；骨架采用 8 号镀锌槽钢与角钢焊接，竖槽钢侧装横角钢料焊于竖槽钢之间（即竖钢与外皮保持一个平面）。
挂件安装	采用 304 不锈钢连接配件，腰形槽与横角钢眼对准，装上 $\phi 10\times 25\sim\phi 10\times 30$ 的不锈钢螺栓及弹性垫圈、垫片，拧紧螺帽，封好各连接点锚固剂。
固定石材	①校核石材规格和基面尺寸、加工种类，以及加工的边和线，进行开槽加工。对号安装，从落地的第一行开始安装，首先应进行预挂、试拼工作，保证墙面的整体效果。槽口用进口胶，落地下端可将挂件固定于地面混凝土上，第一行（石材地脚线）就位，按照基面与落地所弹的线，校准垂直位置，下端用木楔垫平垫稳。 ②水平和竖直缝隙宽度，用 5mm 厚白色有机胶片垫嵌调整，必须注意上下块荷载传递，

| 清 理 | ①清理板面与缝隙，干燥后在缝隙嵌聚丙乙烯条，缝口留深5～8mm左右。②检查缝隙两侧所贴线胶带是否完好，硅胶采用中性的结构胶，打入缝隙，厚5～8mm，打成圆弧凹槽；凹槽凹入3mm，撕掉纸胶带，从上至下全面清理。③用珍珠薄膜盖已安装好的石材墙面，保证地面以上2m范围均被覆盖，进行成品保护。|

若连接件上口低于垫嵌条平面，必须用不锈钢垫圈套于销子上，垫在连接挂件上找平。

公寓大堂及电梯厅

空间简介

公寓大堂是整个B座的接待、等候空间，是外来人员的缓冲地区，也是信件、报纸、快递等的投放地点。接待大堂采用对称式布局，左侧是接待区域，右侧是休息等候区域，中间是电梯厅。来访者能够第一时间看到各个功能空间，使用舒适度很高。接待台背景墙采用干挂石材与镜面的拼接工艺，不同功能空间之间采用金属屏风的软隔断形式进行分隔。地面中间运用多种石材的拼接工艺，形成整个空间的视觉重点，同时增加华丽氛围。

材料

米黄色石材、深灰色石材、茶镜、水晶、深咖啡色墙纸、透光白玉石、紫铜。

不锈钢门套安装工艺

工艺流程

测量放线→基层处理→不锈钢门套加工→现场安装。

施工工艺

①施工准备：熟悉图纸，了解电梯安装情况，材料选样及封样，工序交接。
②测量放线应按电梯安装要求进行中心定位，弹好找平线。
③打孔钉木楔门套基层是18mm厚大芯板，用木条和木楔固定，竖向间距控制为200～400mm，边口用细木条塞缝，在弹好的线上用电锤打孔，大芯板已刷防火涂料。将木楔钉入孔中，深度不小于50mm。

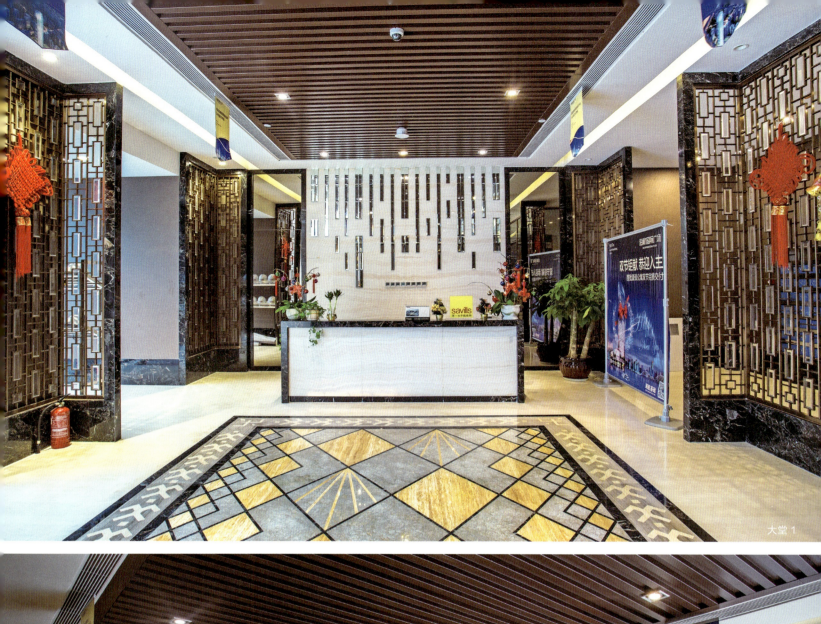

大堂 1

大堂 2

④安装衬板（大芯板），用气钉将锯好的大芯板按要求固定在木楔上，要保证大芯板的平整度。大芯板安装必须牢固，无松动现象，不平的应加木方垫平后固定。

⑤安装不锈钢门套板。拉丝不锈钢面层用玻璃胶黏结，不得有翘边、凹凸不平等现象，垂直度与平整度应该达到规范要求。

样板间客厅

空间简介

户型属于 L 形，入户左侧为卫生间，经过过道直接进入客厅，厨房与餐厅为一体的开放式"客餐厅"布局。客厅横向宽 3.6m，使观看电视的视距能够达到标准尺寸。由于卧室门位于电视墙一侧，因此缩短了电视墙的长度。为了在视觉上减少局促感，采用了隐形推拉门的形式，与电视墙的造型统一，增加视觉长度。设计的风格偏向于现代都市，运用较为现代的不锈钢、革、防水墙布等轻奢材料，打造都市白领的摩登生活空间。

材料

防水墙布、茶镜、夹丝玻璃、8mm 珍珠镍不锈钢、8mm 镜面玫瑰金不锈钢、清镜、陶瓷锦砖、拉丝玫瑰金不锈钢、深色木饰面、黑色人造石、皮革。

餐厅

客厅1

客厅2

电视背景墙硬包施工工艺

工艺流程：基层或底板处理→吊直、套方、弹线→计算用料、套裁面料→粘贴面料→安装贴脸或装饰边线、刷镶边油漆→硬包墙面。

基层或底板处理	做硬包墙面装饰的房间基层，事先在结构墙上预埋木砖、抹水泥砂浆找平层、刷喷冷底子油。铺贴一毡二油防潮层，安装双层 40mm×40mm 镀锌方管，上铺五层胶合板。
吊直、套方、弹线	根据设计图纸要求，把该房间需要硬包墙面的装饰尺寸、造型等通过吊直、套方、弹线等工序，按实际设计的尺寸与造型落实到墙面上。
计算用料、套裁填充料和面料	首先根据设计图纸的要求，确定硬包墙面的具体做法。采用预制铺贴镶嵌法，要求必须横平竖直、不得歪斜，尺寸必须准确等。故需要做定位标志以利于对号入座，然后按照设计要求进行用料计算和底材（填充料）、面料套裁工作。要注意同一房间、同一图案与面料必须用同一卷材料和相同部位（含填充料）套裁面料。
粘贴面料	首先按照设计图纸和造型的要求先粘贴填充料（如泡沫塑料、聚苯板或矿棉、木条、五合板等），按设计用料（胶黏剂、钉子、木螺丝、电化铝帽头钉、铜丝等）把填充垫层固定在预制铺贴镶嵌底板上，然后把面料按照定位标志找好横竖坐标上下摆正，首先把上部用木条加钉子临时固定，然后把下端和两侧位置找好，便可按设计要求粘贴面料。
安装贴脸或装饰边线	根据设计选择和加工好贴脸或装饰边线，按设计要求先把油漆刷好（达到交活条件），便可安装事先预制铺贴镶嵌的装饰板。试拼达到设计要求和效果后，便可与基层固定并安装贴脸或装饰边线，最后修刷镶边油漆。
修整硬包墙面	如硬包墙面施工安排靠后，其修整硬包墙面工作比较简单；如果施工插入较早，由于增加了成品保护膜，则修整工作量较大。

样板间卧室

空间简介

卧室床头背景运用与客厅一致的皮革元素，两侧不锈钢收边，茶镜饰面。床的对面是一整面的飘窗，设计师将此处作为休闲区利用。右侧的衣柜与写字台一字形排列布置。卧室的面积不大，为了协调电视墙以及卧室自身的空间关系，卧室做了推拉门。床头背景皮革硬包拼接，两侧对称的金属边框收边灰镜造型。灯光柔和，床头各设置吊灯。飘窗窗台利用为休闲区。床脚位置设置了书桌，也可作为梳妆台。床品选择比较活泼的橙色。

卧室1

材料

防水墙布、茶镜、夹丝玻璃、8mm 珍珠镍不锈钢、8mm 镜面玫瑰金不锈钢、清镜、陶瓷锦砖、拉丝玫瑰金不锈钢、深色木饰面、皮革。

茶镜安装工艺

工艺流程：清理基层→立筋→钉衬板→固定玻璃。

清理基层	在砌筑墙柱时，预先埋入木砖，其位置应与镜面竖向、横向尺寸相对应，一般木砖间隔以 500mm 为宜，基层抹灰面要刷防水材料，也可在玻璃与木衬板之间加刷一层防水层，防止潮气使木衬板变形，或使镜面镀层脱落。
立　　筋	40mm 或 50mm 的木方，用铁钉固定在木龙骨上，固定时要注意横平竖直，以便于衬板及镜面固定。
铺钉衬板	衬板为 15mm 厚木板或 5mm 厚胶合板，钉在墙筋上的钉头必须没入板内，板与板的间隙设在立筋处，板面应无翘曲，平整且清洁。
镜面安装	镜面按设计尺寸和形状切好后，要进行固定。常用方法有螺钉固定、嵌钉固定、黏结固定、托压固定和黏结支托固定。

卧室 2

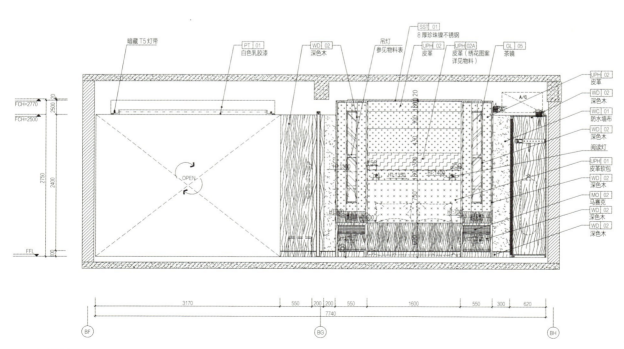

床头背景立面图

卫生间

卫生间

空间简介

卫生间位于入户门的左侧，与右侧的走廊相邻。内含洗衣机、面盆、淋浴、马桶及化妆区域，功能较为齐全。墙面和地面运用浅灰色长条形瓷砖，长条形的瓷砖能够拉长视觉体验。化妆镜运用珍珠镍不锈钢收边，与客厅及卧室的设计元素统一。卫生间设置推拉门，与墙面木饰面材质相同，形成整体的一面墙。墙面与地面相同的石材饰面，扩大视觉空间的效果。面盆半镶嵌式，台面黑色易于清理。

材料

陶瓷锦砖、6mm 厚清镜、珍珠镍不锈钢、深色木、浅色木、浅茶色钢化玻璃、浅灰色石材。

卫生间悬挂式推拉门安装施工工艺

①安装时应先根据 500mm 水平线和坐标基准线，弹线确定上梁、侧框板及下导轨的安装位置线。
②用螺钉将上梁固定在门洞口的顶部，有侧框板的，用螺钉将侧框板固定在洞口墙体侧面。
③将吊挂件上的螺栓及螺母拆下，把它套在工字钢滑轨上，用螺钉将工字钢滑轨固定在上梁底部。
④用膨胀螺栓或塑料胀管螺丝固定下导轨。
⑤安装门扇时，先将悬挂螺栓装入门扇上冒头顶上专用孔内，用木楔把门扇下导轨垫平，再用螺母将悬挂螺栓与挂件固定，检查门边与侧框板吻合，固定门后，安装贴脸。

芜湖信义玻璃研发中心大楼室内装修工程

项目地点
安徽省芜湖市经济技术开发区凤鸣湖北路信义光伏产业园

工程规模
工程造价约 1300 万元,建筑面积 10166.67m²

建设单位
信义节能玻璃(芜湖)有限公司

设计单位
深圳瑞和建筑装饰股份有限公司

开竣工时间
2016 年 3 月至 2017 年 3 月

获奖情况
2017—2018 年度中国建筑工程装饰奖

远景

设计特点

信义玻璃股份有限公司是全球领先的综合玻璃制造商，产品涵盖优质浮法玻璃、汽车玻璃、建筑节能玻璃及超薄电子玻璃等领域，公司产品远销国内外。以优质节能的产品与绿色发展的理念，引领行动，弘扬绿色健康的企业文化。总部办公楼的设计秉持"绿色""健康"的设计理念，同时将企业特色玻璃产品应用其中。公司倡导推动低碳生产、节能降耗，动员全体员工参与绿色生产理念的实践，此次装修中也大量使用光伏发电技术，从根本上节约能源。

空间介绍

办公大堂

简介

办公大堂位于建筑总平面的左边,是进入办公楼的主入口。为了实现空间的体量感,打通了与大堂对应的二层区域的楼板,实现接待大堂 8.3m 的挑空。运用线条与体块交叉的形式体现空间的规模。大量运用企业特色产品可钢化 Low-E 玻璃、彩钢板及爵士白石材提亮空间的色调。提取安徽境内"山清水秀"的自然优势而成的设计元素,在大堂装饰水池与玻璃形状假山,意在表达本土特色。

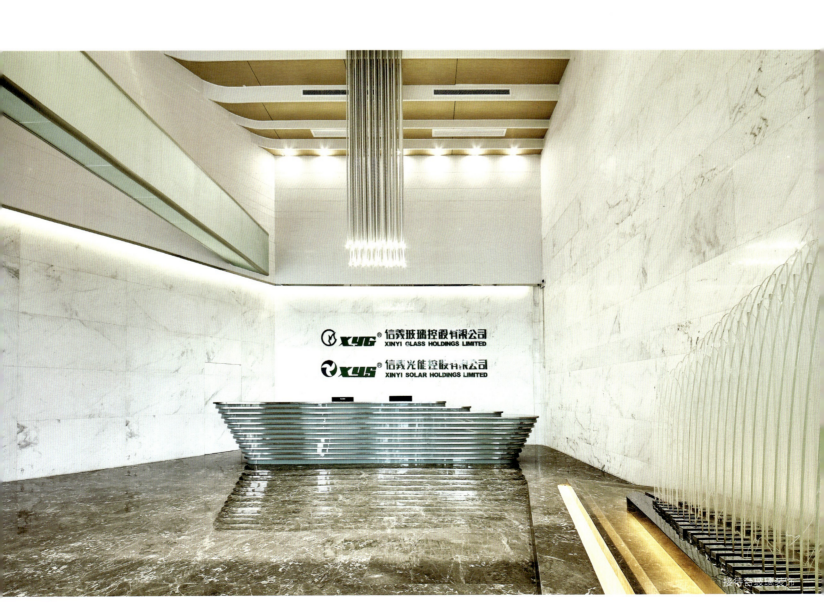

接待台及壁画装饰

大堂绿植墙

材料

爵士白石材、黑色镜面不锈钢、彩钢板、背漆玻璃、雪花白人造石材、钢化玻璃、白色瓷砖。

技术难点、重点

项目大堂墙面运用雪花白石材高度为 8.3m，高空间大跨度，需在项目进场后根据现场情况进行二次深化设计排版，对石材进行编码，后期根据编码固定石材，保证完工后项目有良好的感官效果。

大堂背景墙特殊部位的干挂安装难点

梁底处卧板安装（包括顶棚吊顶）

这些部位用膨胀螺栓、角码、不锈钢挂件安装。先安卧板，再装立面竖板。

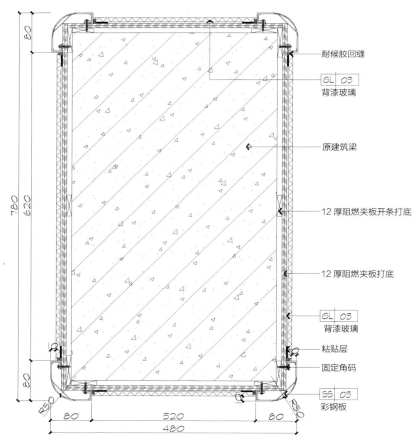

梁施工图

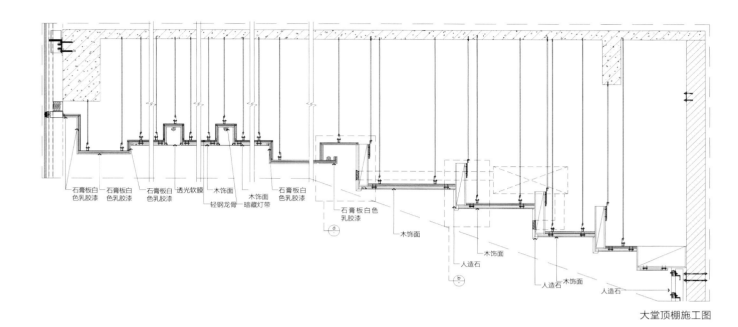

大堂顶棚施工图

顶棚 E 节点图

大堂绿植墙施工图

封顶安装与收口盖板

封顶最后一行石材竖板与收口盖板安装：先在梁底将膨胀螺丝固定一块 200mm×300mm×10mm 钢板，再用一个 56mm×56mm×5mm×1500mm 长角钢码将钢板与槽钢烧焊固定，再用挂件与石材板连接，用螺栓固定到角码上。

墙面与挡水收口

墙面顶部石材竖板与挡水收口石材安装，将挂件侧装于石材竖板上部，先装角码用膨胀螺栓固定到混凝土上，再将挂件与石材板连接，用螺栓固定到角码上。

电梯厅

总经理办公室

开敞接待区

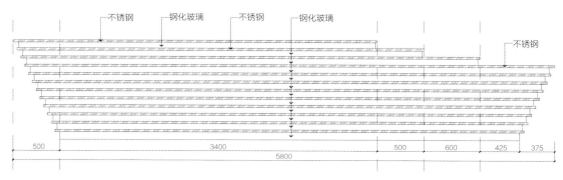

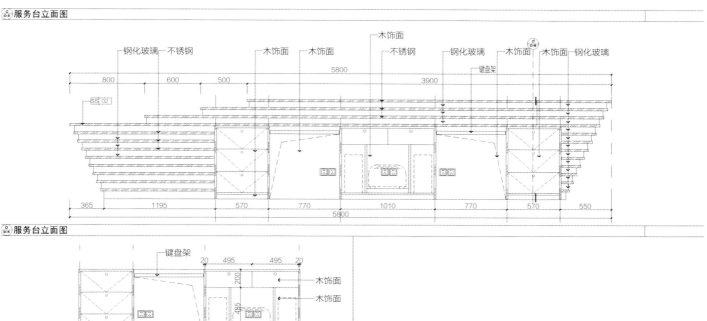

前台玻璃施工图

标准层接待大厅

空间简介

会议室接待区位于三层电梯厅的出口,会议室的前厅是接待来往访客及参会人员的区域。顶棚采用圆形吊顶灯池,保证圆形顶棚、圆形凹槽的美观性。顶棚与墙面都有黑色不锈钢装饰线条的统一形式,增加细节处理,在施工中是需要注意的节点。

接待区为了保证出入客户的舒适性,空调出风口位置及风量大小需重点考虑。

材料

米色皮革、黑色拉丝不锈钢、艺术玻璃、栎木饰面、雪花白人造石、白色彩钢板。

接待区圆形吊灯

接待台立面处理

技术难点、重点及创新点

空调风口及检修口施工，保持造型的美观，是施工的重点。

施工注意事项

①木龙骨六面涂刷防火涂料，细木工板与石膏板接触的一侧涂刷防火涂料，木枕必须用防腐液浸泡。

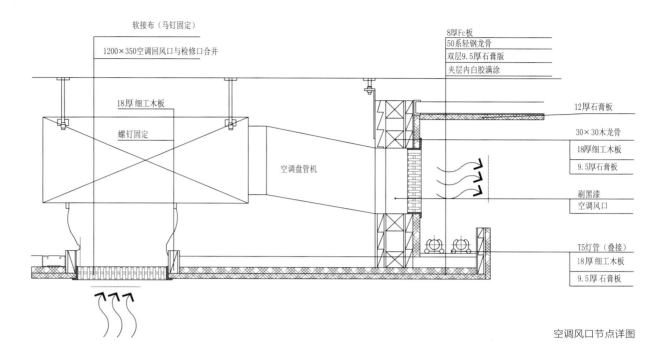

空调风口节点详图

②木龙骨与顶棚固定采用锤击式膨胀钉，钉间距小于等于400mm。

③使用吊筋承载细木工板的重量，吊筋固定在龙骨接缝处，将大吊砸直后用自攻螺钉固定在细木工板上。

④需特别注意防风扣下方细木工板易下坠，引起开裂。

工艺流程

①检查口制作：使用细木工板作基层，将纸面石膏板固定在细木工板上，细木工板背面使用50mm轻钢龙骨进行固定。

细木工板需涂刷防火涂料。

②安装检查口：将裁好的纸面石膏板粉刷涂料后，安装在预留的检查洞口上。

质量控制点

①检查口尺寸为350mm×350mm。

②检查口安装平顺，无翘曲及污染。

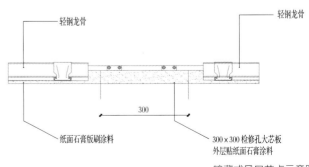

暗藏式风口节点示意图

会议室

空间简介

会议室是接待贵宾和举行重要会议的场所。设计元素与前厅接待区统一,运用中心轴对称的布局形式。墙面两侧对称做了内凹的造型,沿中心轴布置会议桌。方形会议桌与圆形顶棚呼应,以"方"与"圆"结合的形式来表现空间的沉稳。墙面运用栎木饰面与黑色不锈钢线条结合,由顶棚射灯投射出材质的纹理。

材料

白色环保乳胶漆、黑色拉丝不锈钢、栎木饰面、红棕色皮革、艺术玻璃、条纹块毯。

技术难点、重点及创新点

墙面运用栎木饰面装饰,在施工中需要基层打底平整,并注意不锈钢的拼接工艺。

会议室

会议室4

墙面木饰面及不锈钢安装拼接施工工艺

作业条件
①木护墙、木筒子板的骨架安装，应在安装好门窗、窗台板以后进行，钉装面板应在室内抹灰及地面做完后进行。
②安装木护墙、木筒子板处的结构面或基层面，应预埋好龙骨。
③木护墙、木筒子板龙骨应在安装前将铺面板面刨平，其余三面刷防腐剂。
④施工机具设备在使用前安装好，接通电源，并进行试运转。
⑤施工项目的工程量大且较复杂时，应绘制施工大样图，并应先做出样板，经检验合格，才能大面积进行作业。

操作工艺
①**找位与画线**：木护墙、木筒子板安装前，应根据设计图要求，先找好标高、平面位置、竖向尺寸，进行弹线。
②**核预埋件及洞口**：弹线后检查预埋件、木砖是否符合设计及安装的要求，主要检查排列间距、尺寸、位置是否满足钉装龙骨的要求；量测门窗及其他洞口位置、尺寸是否方正垂直，与设计要求是否相符。
③**涂刷防潮、防腐涂料**：设计有防潮、防腐要求的木护墙、木筒子板，在钉装龙骨时应压铺防潮卷材，或在钉装龙骨前进行涂刷防潮、防腐的施工。

龙骨配制与安装
①**木护墙龙骨**：必须涂刷防火涂料后方可使用。
②**局部木护墙龙骨**：根据房间大小和高度，可预制成龙骨架，整体或分块安装。
③**全高木护墙龙骨**：首先量好房间尺寸，根据房间四角和上下龙骨的位置，将四框龙骨找位，钉装平直，然后按设计龙骨间距要求钉装横、竖龙骨。木护墙龙骨间距：一般横龙骨间距为400mm，竖龙骨间距为500mm。如面板厚度在15mm以上时，横龙骨间距可扩大到450mm。木龙骨安装必须找方、找直，骨架与木砖间的空隙应垫以木垫，每块木垫至少用两个钉子钉牢，在装钉龙骨时预留出板面厚度。
④**木筒子板龙骨**：根据洞口实际尺寸，按设计规定骨架料断面规格，可将一侧筒子板骨架分三片预制，洞顶一片、两侧各一片。每片一般为两根立杆，当筒子板宽度大于500mm，中间应适当增加立杆。横向龙骨间距不大于400mm；面板宽度为500mm时，横向龙骨间距不大于300mm。龙骨必须与固定件钉装牢固，表面应刨平，安装后必须平、正、直。防腐剂配制与涂刷方法应符合有关规范的规定。

安装成品木饰面板
①**面板选色配纹**：全部进场的面板材，使用前按同房间邻近部位的用量进行挑选，使安装后从观感上木纹、颜色近似一致。

②**裁板配制**：按龙骨排尺，在板上画线裁板，原木材板面应刨净；胶合板、贴面板的板面严禁刨光，小面皆须刮直。面板长向对接配制时，必须考虑接头位于横龙骨处。原木材的面板背面应做卸力槽。一般卸力槽间距为100mm，槽宽10mm，槽深4～6mm，以防板面扭曲变形。

③**饰面板安装**：饰面板安装前，对龙骨位置、平直度、钉设牢固情况、防潮构造要求等进行检查，合格后进行安装。饰面板配好后进行试装，面板尺寸、接缝、接头处构造完全合适，木纹方向、颜色的观感尚可的情况下，才能进行正式安装。饰面板收口板处应涂胶与龙骨钉牢，钉固面板的钉子规格应适宜，钉长约为面板厚度的2～2.5倍，钉距一般为100mm，钉帽应砸扁，并用尖冲子将针帽顺木纹方向冲入面板表面下1～2mm。钉贴脸：贴脸料应进行挑选，花纹、颜色应与框料、面板近似。贴脸规格尺寸、宽窄、厚度应一致，接挂应顺平无错槎。

洽谈室

空间简介

洽谈室处于十三层办公区中间，是一个半开放式的空间，好像一个设置在人来人往的办公区中间的玻璃盒子。人们置身其中，既可以观察外面，同时也保有一定

洽谈室

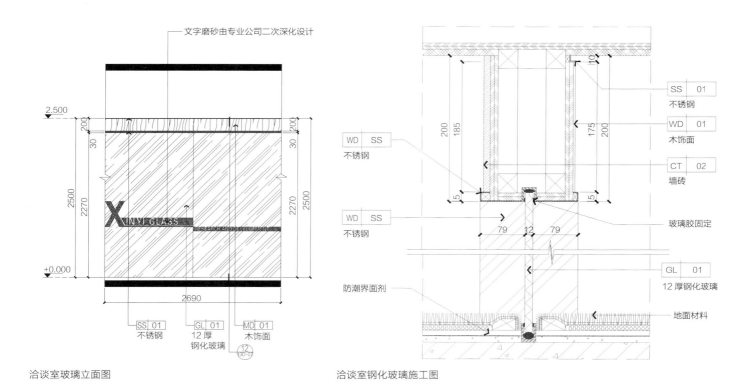

洽谈室玻璃立面图　　洽谈室钢化玻璃施工图

的隐私性。全玻璃透明的空间，用黑钢做收边，搭配木饰面。一面木饰面的背景墙被灯光渲染出一分温暖的洽谈气氛。

材料

黑色不锈钢、12mm 钢化玻璃、木纹墙布、彩釉玻璃。

技术难点、重点及创新点

整面钢化玻璃的安装是施工中的重点和难点。顶棚上做好基层龙骨以后，将钢化玻璃固定卡进预留的槽中。

整面钢化玻璃的安装施工工艺

①地面基层水泥砂浆找平，顶棚用 9mm 夹板制作玻璃槽。
②测量现场整面钢化玻璃的净空尺寸，上下各增加 20mm，墙面收口处同样增加 20mm。

③进行排板下单,墙面收口处玻璃需要三边入槽,对尺寸要求极高。

④安装前玻璃槽口应清理干净并排水通畅,施工温度不应低于5℃。

⑤钢化玻璃转角收口处需要做45°碰角,需玻璃厂家提前开角。

⑥玻璃槽内安装U形不锈钢条,压泡沫条。

⑦安装成品钢化玻璃,用透明玻璃胶收边以起到固定作用。

⑧做好成品保护。

质量控制验收标准

①玻璃板隔墙安装必须牢固,隔墙胶垫安装正确。

②玻璃隔墙接缝横平竖直,玻璃无裂痕、缺损、划痕。

③玻璃隔墙嵌缝应密实平整、均匀顺直、颜色一致。

三亚亚特兰蒂斯酒店室内装修工程

项目地点
海南三亚海棠湾滨海岸线中部，滨海路和风塘路交接处东侧

工程规模
工程造价约4000万元，工程装修面积251040m^2

建设单位
海南亚特兰蒂斯商旅发展有限公司

设计单位
深圳亚泰国际建设股份有限公司

开竣工时间
2016年4月至12月

社会评价及使用效果
三亚亚特兰蒂斯酒店是集度假酒店、娱乐、餐饮、购物、演艺、物业、国际会展及特色海洋文化体验八大丰富业态于一体的旅游综合体，在中国国内首次有如此规模和类型的一体式旅游度假目的地

远景

夜景

设计特点

三亚亚特兰蒂斯酒店总面积约 25 万平方米，有 1314 间客房，包括约 4 万平方米的地下室，其中主要功能用房为高约 226m 的酒店客房塔楼、酒店公共大堂、酒店内餐饮及商业、健身及 SPA 中心、多功能会议中心、水族馆（Lost Chamber）、公共商业区 (Avenue) 及后场服务用房和设备用房等空间。水上乐园中建筑约 2.8 万平方米，主要为海豚湾（即海豚、海狮互动中心和海豚表演场）、餐饮建筑、水上娱乐设施构筑物及配套服务用房和设备用房等空间，施工内容为宴会厅、会议室、VIP 及婚礼中心、全日餐厅 A、全日餐厅 B、家庭俱乐部、负一层行政办公室、负一层团队接待及走廊电梯厅区域、公共卫生间等区域。

大堂

大堂顶部

三亚亚特兰蒂斯酒店作为海南国际旅游岛发展战略的重要组成部分，位于被誉为"国家海岸"的海棠湾，酒店以海洋为主题，以史前亚特兰蒂斯文明为范本，荟萃世间奢华与昂贵体验于一身。注有1.35万吨天然海水的大使环礁湖，拥有逾280种淡水和海水动物。酒店建有"失落的空间"水族馆，游客可观赏到鲨鱼、鳐鱼、水母、倒吊鱼、海鳝和巨骨舌鱼等生物，还可在潜水项目中与异域海洋生物共舞。此外，酒店还打造了水世界，占地20万平方米，是全年开放的水上乐园，设有数十条顶级滑道、极速漂流、嬉水童趣乐园等。该酒店设有21家寰球美食餐厅，涵盖了欧陆自助、中式自助、日式料理等国际美食，游客可在海南感受世界美食文化。

顶棚与地面的协调

接待区

休息区

走廊

空间介绍

宴会前厅

简介

宴会前厅是举行会议等大型活动的接待和准备区域，主要用于接待、等候，是宴会厅的附属空间。设计理念是以海洋元素为基调，在此基础上提炼出更加适合此空间的曲线造型。这种设计理念贯穿整个空间的顶棚、墙面和地面的装饰造型，三层曲线灯池营造出立体感，墙面的造型采用曲面木饰面做出了水草形状。因此此区域的装饰性也有较高要求。顶棚造型为三层曲线跌级灯池，层次分明，紧扣主题。结构支撑的柱子做了圆形金属饰面，在灯光的映衬下金碧辉煌。墙面运用木饰面做了竖向的波浪弯曲造型，在顶棚筒灯的照射下，呈现出忽明忽暗的亚光质感。地面运用的是蓝色和黄色对比融合的波浪花纹地毯，高光与阴影打造的立体图案，行云流水，紧扣主题。

宴会前厅 1

宴会前厅 2

材料

白色乳胶漆、胡桃木、古铜色拉丝不锈钢、定制地毯、雪花白人造石。

技术难点、重点及创新点

本空间最大的特色是曲线的造型较多,其中以墙面的波浪形木饰面造型难度较大,施工前应做好技术交底工作。质量把控的重点应放在测量放线和弧形放样方面。

墙面木质波浪形饰面板安装施工工艺及技术措施

施工准备

①对于未进行饰面处理的半成品木饰面墙板及其配套的细木装饰制品（装饰线脚、木雕图案镶板、横档冒头及边框或压条等），应预先涂刷一遍干性底油，以防止受潮变形。

②木饰面墙板制品及其安装配件在包装、运输、堆放和搬动过程中，要轻拿轻放，不得曝晒和受潮，防止开裂变形。

③检查结构墙面质量，其强度、稳定性及表面的垂直度、平整度应符合安装饰面的要求。有防潮要求的墙面，应按设计要求进行防潮处理。

④根据设计要求，安装木饰面墙板骨架需要预埋防腐木砖时，防腐木砖应事先埋入墙体；当工程需要有其他后置埋件时，也应准确到位。埋件的位置、数量，应符合龙骨布置的要求。

⑤对于采用木楔进行安装的工程应按设计弹出标高和竖向控制线、分格线，打孔埋入木楔，木楔的埋入深度一般应不小于50mm，并应进行防腐处理。

材料选用

①木饰面墙板工程所用木材要进行认真挑选，保证所用木材的树种、材质及规格等，均符合设计要求。应避免木材的以次充优或是大材小用、长材短用和优材劣用等现象。采用配套成品或半成品时，要按质量标准验收，本项目采用的为胡桃木饰面板，按照业主提供的样板采购。

②工程中使用的人造木板和胶黏剂等材料，应检测甲醛及其他有害物质含量。

③各种木制材料的含水率，应符合国家标准的有关规定。

④所用木龙骨骨架以及人造木板的板背面，均应涂刷防火涂料，按具体产品的使用说明确定涂刷方法，防火涂料一般也具有防潮性能。

墙面木骨架安装

①基层检查及处理：应对建筑结构体及其表面质量进行认真检查和处理，基体质量应符合安装工程的要求，墙面基层应平整、垂直，阴阳角方正。

②结构基体和基层表面质量，对于木饰面墙板龙骨与罩面的安装方法及安装质量有着重要关系，特别是当不采用预埋木砖而采用木楔圆钉、水泥钢钉及射钉等方式方法固定木龙骨时，要求建筑墙体基面层必须具有足够的刚性和强度，否则应采取必要的补强措施。

③对于有特殊要求的墙面，尤其是建筑外墙的内立面木饰面墙板工程，应首先按设计规定进行防潮、防渗漏等功能性保护处理，如做防潮层或批抹防水砂浆等；内墙面底部的防潮、防水，应与楼地面工程相结合进行处理，严格按照设计要求和有关规定封闭立墙与楼地面的交接部位；同时，建筑外窗的窗台流水坡度、洞口窗框的防水密封等，均对该部位护墙板工程具有重要影响，在工程实践中，该部位由于雨水渗漏、墙体泛潮或结露而造成木质护墙板发霉变黑的现象时有发生。

④对于有预埋木砖的墙体，应检查防腐木砖的埋设位置是否符合安装要求。木砖间距按龙骨布置的具体要求设置且应位置正确，以利于木龙骨的就位固定。对于未设计预埋的二次装修工程，目前较普遍的做法是在墙体基面钻孔打入木楔，将木龙骨用圆钉与木楔连接固定；或者用厚胶合板条作龙骨，直接用水泥钢钉将其固定于结构墙体基面。

⑤木龙骨固定：墙面有埋防腐木砖的，即将木龙骨钉固于木砖部位，钉平、钉牢，且其立筋（竖向龙骨）保证垂直。罩面分块或整幅板的横向接缝处，应设计水平方向的龙骨；饰面斜向分块时，应斜向布置龙骨；应确保罩面板的所有拼接缝隙均落在龙骨的中心线上，不得使罩面板块的端边处于空悬状态。龙骨间距应符合设计要求，一般竖向间距宜为 40mm，横向间距宜为 300mm。

⑥当采用木楔圆钉法固定木龙骨时，可用 16～20mm 的冲击钻头在墙面钻孔，钻孔深度最小应不小于 40mm，钻孔位置按事先所做的龙骨布置分格弹线确定，在孔内打入防腐木楔，再将木龙骨与木楔用圆钉固定。

⑦在龙骨安装操作中要随时吊垂线和拉水平线校正骨架的垂直度及水平度，并检查木龙骨与基层表面的靠平情况，空隙过大时应先采取适当的垫平措施（对

于平整度和垂直度偏差过大的建筑结构表面应抹灰找平、找规矩），然后再将龙骨钉牢。

饰面板铺装

①采用显示木纹图案的饰面板作罩面时，安装前应进行选配，其颜色、木纹应自然谐调；有木纹拼花要求的罩面应按设计规定的图案分块试排，按编号上墙就位铺装。

②为确保罩面板接缝落在龙骨上，罩面铺装前可在龙骨上弹好中心控制线，板块就位安装时其边缘应与控制线吻合，并保持接缝平整、顺直。

③胶合板用圆钉固定时，钉长根据胶合板厚度选用，一般在 25～35mm，钉距宜为 80～150mm，钉帽应敲扁并冲入板面 0.5～1mm，钉眼用油性腻子抹平。采用钉枪固定时，钉枪钉的长度一般采用 15～20mm，钉距宜为 80～100mm。

④采用胶黏剂固定饰面板时，应按胶黏剂产品的使用要求进行黏结操作。

⑤安装封边收口条时，钉的位置应在线条的凹槽处或背视线的一侧。

⑥在曲面墙或圆弧造型体上固定胶合板时（一般选用材质优良的三夹板），应先试铺。如果胶合板弯曲有困难或设计要求采用较厚的板块（如五夹板）时，可在胶合板背面用刀划割竖向的卸力槽，等距离划割深 1mm，在木龙骨表面涂胶，将胶合板横向（整幅板的长边方向）围住龙骨骨架进行包覆粘贴，而后用圆钉或钉枪从一侧开始向另一侧顺序铺钉。圆柱体罩面铺装时，圆曲面的包覆应准确。

⑦采用木质企口装饰板罩面时，可根据产品配套材料及其应用技术要求进行安装，使用其异形板卡或带槽口的压条（上下横板、压顶条、冒头板条）等对板块进行嵌装固定。对于硬木压条或横向设置的腰带，应先钻透眼，然后再用钉固定。

全日制餐厅

空间简介

全日餐厅是酒店 24 小时提供餐食并能够满足商务接待、旅游接待、散客服务和客房服务的餐饮形式。在以旅游为主的酒店中，很注重饮食的地域文化，在餐厅中也提

全日餐厅

供不同国家和地区的特色饮食。硬装部分仍然以海洋元素为主,顶棚中心做了整个的圆形,外围是发散的形状,与就餐区的布局统一。柱子的处理运用金属与中式镂空花格结合的形式,是传统与现代的叠加。地面的地毯图案与顶棚呼应,形成整体一致的造型。操作区的灯具选择的水滴形状,温暖的灯光映衬下垂涎欲滴,显得食物的色泽鲜美。散座与卡座布局合理,动线舒适。

材料

胡桃木饰面、黑色石材、白色防水乳胶漆、玻璃。

就餐区

技术难点、重点及创新点

柱子造型的处理比较精致，运用多种材料分层次进行叠加搭配。因此此空间的施工重点及难点是柱子的装饰。

全日制餐厅就餐区

空间简介

用餐区是全日餐厅的主要功能区域，重点在于动线的规划以及装饰的设计。此处延续"海洋元素"的设计理念，将木隔断做成曲线形式，紧扣海洋的主题。

材料

樱桃木、黑色镜面不锈钢、灰麻石、黑色石材。

技术难点、重点及创新点

木质曲面镂空隔断安装工艺，是本空间施工的技术难点、重点，需要精确的测量放线和放样，采用工厂化加工现场拼装的方式进行创新施工，以保证安装的质量和效果。

全日制餐厅取餐区

空间简介

酒店很注重饮食文化，餐厅提供不同国家和地区的特色饮食。硬装部分仍然以海洋元素为主，顶棚中心做了整个的圆形，外围是发散的形状，与就餐区的布局统一。柱子的处理运用金属与中式镂空花格结合的形式，是传统与现代的叠加。地面的地毯图案与顶棚呼应，形成整体一致的造型。操作区的灯具选择的水滴形状，温暖的灯光映衬得食物的色泽鲜美。散座与卡座布局合理，动线舒适。

材料

古堡灰石材、黑色石材、木饰面、黑色拉丝不锈钢、陶瓷锦砖。

技术难点、重点及创新点

取餐台运用多种材料制成的圆形，是本区设计的特色，需要安装钢龙骨支架，放线放样定位是施工中的难点和重点。

取餐吧台

儿童活动区 1

儿童活动区 2

南昌凯美开元名都大酒店机电安装及室内精装修工程

项目地点
江西省南昌市东湖区湖滨南路 99 号

工程规模
工程造价约 1.3 亿元，建筑面积 34392.18m²

建设单位
南昌五湖大酒店有限公司

开竣工时间
2012 年 2 月至 2012 年 6 月

远景

门廊

设计特点

南昌凯美开元名都大酒店(原五湖大酒店)由香港凯美集团按国家五星级标准投资兴建,委托中国最大的民营高星级连锁酒店集团——开元酒店集团管理。经营宗旨是"为宾客提供东方文化和国际标准完美融合的服务",务求使宾客无论下榻哪一家酒店,都能体验始终如一的开元品质,尽享殷切贴心的开元关怀。

空间介绍

酒店大堂

简介

酒店大堂是办理登记手续、休息、会客和结账的场所,同时也是顾客对酒店的第一印象。大堂呈半圆形的形式,环绕的形态。顶棚中心做圆形灯池吊顶,内饰金箔装饰面,悬挂叶子形状水晶吊灯,好似倾泻而下的藤萝。入口正对面是大堂休息区域,背景墙用的是透光云石外置20mm水晶棒工艺,内置灯带发光。墙面运用灰色石材,附长条形壁灯。地面灰色石材配深色波导线,对区域进行了划分。

材料

古堡灰石材、活动地毯、香槟金刷漆、陶瓷锦砖、透光云石、亚克力板、20mm水晶棒、12mm钢化玻璃、灰色石材。

技术难点、重点及创新点

背景墙透光云石施工是本空间的施工重点。

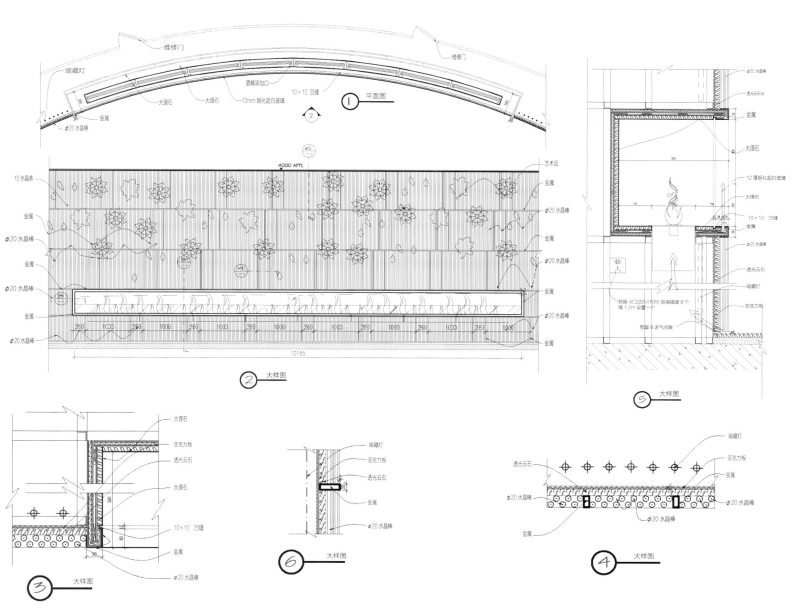

一层大堂背景透光云石大样

透光云石施工工艺

工艺流程

基层准备→骨架制安→隐蔽验收→安装挂件及石材、透光云石→20mm 水晶棒安装→12mm 钢化超白玻璃安装→清理。

操作方法

基层准备 　清理墙面结构表面，同时进行吊直、套方、找规矩，弹出垂直线和水平线，并根据设计图纸和实际需要弹出安装云石片的位置线和分块线。用 5mm 板打底并面饰乳胶漆，跑好灯线，固定 LED 灯带。

骨架制安 　主立柱：将两根通长角钢用螺栓固定在墙体上，作为干挂骨架与结构连接件，角钢之间用螺帽固定槽钢作为主立柱。

次立杆：将一根通长角钢用螺栓固定在墙体上，作为干挂骨架的与结构连接件，把角钢用螺帽固定在通长角钢上作为次立杆。

横杆为通长角钢，用焊接的方式与主次立杆连接。

所有钢构件除锈，热镀锌处理。

隐蔽工程检查验收 　①验收程序：全部钢架及亚克力板安装完毕后，先由现场质检员全面预检一次，并做好分项记录，然后由专检人员填表报请监理公司及业主有关人员检查隐蔽工程并签署意见，详细记录发现的问题，及时做出整改并形成验收文件，经质监站复查后，方可对连接件焊接处作防锈处理。

②隐蔽工程的验收主要包括以下几个方面：钢架与混凝土结构柱的连接节点安装；封边、封顶和封底及墙表面与主体结构之间间隙节点安装。

安装挂件及石材、透光云石 　①挑选云石片：云石片进场后必须对其材质、加工质量、花纹、尺寸等进行检查，并将花色差别较大、缺棱掉角、崩边等有缺陷的石材挑出、更换。

②预排云石片：将挑选出来的云石片按照使用部位和安装顺序进行编号，并选择较为平整的场地做预排，检查拼接出来的板块是否有色差和满足现场尺寸的要求，完成此项工作后将板材按编号存放备用。

③安装挂件：挂件安装是依据云石片的板块规格确定的，调节挂件采用不锈钢制成，按照设计要求进行定制加工。利用六角螺栓和基层钢架连接，注意调节挂件一定要安装牢固。

④云石片安装：安装前在石材背面均匀涂刷进口石材保护剂，封闭天然石材纹缝，防止石材受腐蚀变色。石材安装是从底层开始，吊好垂直线，然后依次向上安装。按照石材的编号将石材轻放在 T 形挂件上，按线就位后调整准确位置，并立即清孔，槽内注入耐候胶，要求锚固胶保证有 4～8h 的凝固时间，以避免过早凝固而脆裂，过慢凝固而松动，板材垂直度、平整度、拉线校正后扳紧螺栓。

水晶棒、钢化玻璃安装 　将 20mm 水晶棒按照图纸分两排插入预留不锈钢压条凹槽处，两端打胶固定。并完成 12mm 钢化超白玻璃安装。

清理 　勾缝或打胶完毕后，用棉纱等物对石材表面进行清理，干挂必须待胶凝固后，再用壁纸刀、棉纱等物对石材表面进行清理。需要打蜡的一般应按照使用蜡的操作方法进行，原则上应烫硬蜡，擦软蜡，要求均匀不露底色，色泽一致，表面整洁。

大堂吧

中餐厅包厢

西餐厅

咖啡厅

西餐厅吧台

接待台

空间简介

礼宾部隶属于前厅部,亦为房务部的一部分。礼宾部的背景墙面与柱子的形式相同,石材拼接处作凹缝处理。统一的设计元素,能够将顾客的视觉引导至接待区。服务台与接待台的造型相似,但背景有所区分。

材料

灰色石材、固定地毯、白色乳胶漆等。

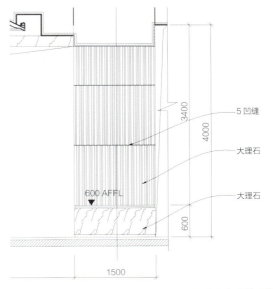

礼宾台背景墙石材大样图

礼宾台

顶棚特殊造型的处理方式工艺

造型顶棚施工注意事项

①在安装之前应确认是否有条件安装龙骨，主要体现在以下几点：墙身是否完成，木工是否合格，抹灰处是否完成，木工尺寸是否符合要求做。

②造型顶棚安装之前，要检查龙骨接头是否牢固和光滑，上封口处要处理好，喷淋头用胶带粘上。安装造型顶棚时要先从中间往两边固定，同时要注意安装尺寸。焊接缝要直，角位也要控制好。最后四周做好之后，把多出来的顶棚修剪去除，外观要美观。

③开孔灯：灯孔做好标记，把PVC灯圈准确地粘贴在软膜底部，牢固之后把多出来的花边去除。

④在施工工地条件允许的情况下，按照设计图纸要求，木工要做好部分固定PVC专用龙骨，角位上一定要是直角，并平整光滑。

⑤开风口、光管盘口：找到风口、光管盘口的位置，跟做四周一样，把软膜安装到PVC专用龙骨上，注意角位要平整，做好后把多出的顶棚切除即可。

⑥最后用干净毛巾清洁造型顶棚表面。

⑦注意灯架、风口、光管盘要与周边的龙骨水平，并且要求牢固平稳不能摇摆。

⑧烟感、吸顶灯先定位，再做一个木底架，木底架底面要打磨光滑，并注意水平高度，高度太低会容易凸现底架的痕迹。

造型顶棚施工工艺

①在安装波浪形顶棚时，每一条安装龙骨的波浪形底架一致，这样软膜安装好后，波浪形才能整齐协调。

②和软膜接触的底架边缘必须平滑，安装好后，造型顶棚、拉膜顶棚、软膜顶棚、柔性顶棚、透光膜造型顶棚、艺术顶棚、洗浴顶棚才不会凹凸不平。

③如软膜和软膜之间有缝隙，在吊装底架时，吊杆和主龙骨应尽量选择细的材料，做到隐蔽、整齐。从下往上看，不能看到固定底架的吊杆。

④安装造型顶棚要充分加热，尤其是寒冷的地方，在拆开水晶棉之前就要加热，以防寒冷使软膜变脆，损伤软膜。

⑤安装圆形造型顶棚、拉膜顶棚、软膜顶棚、柔性顶棚、透光膜造型顶棚、艺术顶棚、洗浴顶棚时，扁码要用折弯机折弯。所做弧线流畅，且没有切割缝。

⑥如果用切割法折弯，必须每隔3cm切割一次，要均匀，且不能超过龙骨一半的厚度，否则会出现棱形。

⑦时间允许的情况下，先安装龙骨，测量尺寸，再下订单，这样可以减少由于修改或尺寸不合适造成的诸多质量问题。

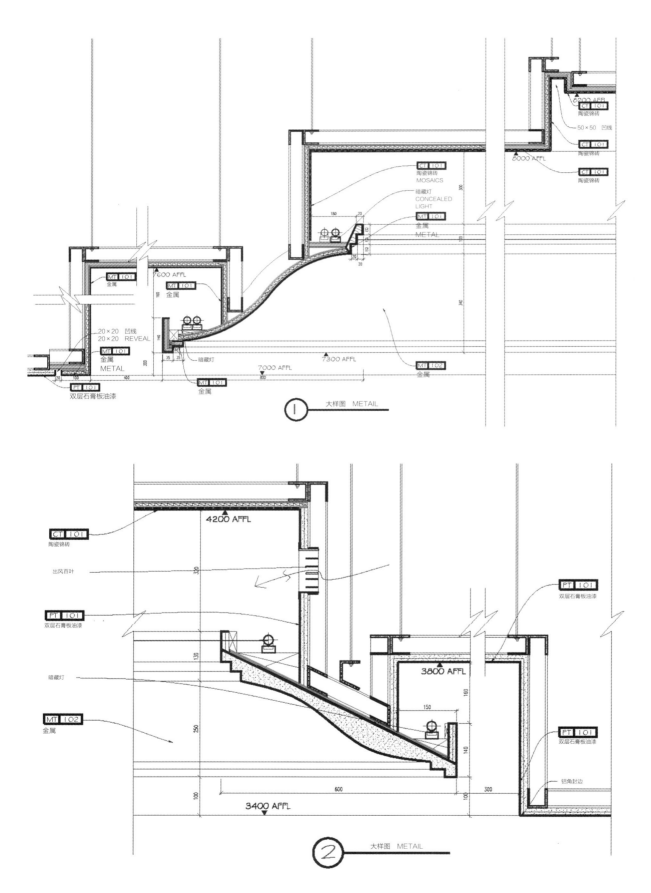

双层曲线顶棚大样

电梯厅

电梯厅

空间简介

电梯厅位于大堂的左侧,在接待台办理完手续后可直接到达。长条形的电梯厅,顶棚顺势做了两层跌级造型,欧式实木线条收边,悬挂交叉形式的水晶吊灯,顶面金箔处理,增加空间的华丽装饰。墙面石材拉缝处理,与底层墙面石材凹缝收口,形成不同质感石材的转变。电梯厅两侧做了铁艺传统图案造型,形成对景的关系。墙面悬挂水晶壁灯,地面米黄色石材,反射了顶棚和墙面的灯光效果。

材料

古堡灰石材拉缝处理、米黄石材、古铜铁艺屏风、古铜色拉丝不锈钢。

难点、重点

电梯厅的石材干粘是施工重点。

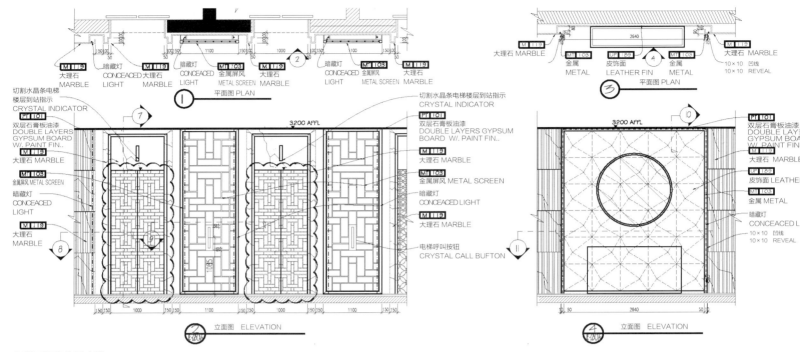

电梯厅门套施工大样

干粘法施工优点

①避免湿贴施工使石材发生霉变、脱落等。
②避免干挂及带横竖结构造价高、现场焊接带来的火灾隐患。
③施工简便省工，工地无噪声、粉尘污染。

工艺流程

基层清理→放样弹线→开孔注胶、安装锚栓、钢板焊接结构固定→固定石材→嵌缝清理→成品保护。

基层处理　　基层采用12mm双层实木板，保证基层平整度。

放样弹线　　按照石材排版图在实木板上弹线，在每块石材分缝四角标记圆孔位置。

开孔注胶、　　①在标记圆孔位置开孔，植入结构胶，将锚栓—钢板焊接结构植入圆孔固定。
安装锚栓、　　②根据节点图尺寸在石材背面开干粘槽。
钢板焊接、　　③清理石材背面杂物及钢板上锈斑。
结构固定

固定石材	利用专用干胶黏剂将石材直接粘在钢板上,并用云石胶临时固定。
成品保护	安装好的石材饰面板应采用木板、塑料膜覆盖等防止污染的措施,应及时清擦残留在相邻饰面上的污物。在石材胶黏剂未达到强度时,要防止撞击和振动。

多功能厅

空间简介

多功能厅是集会议、宴会、发布会等功能于一体的多功能性空间,可分割可合并。由于空间巨大,顶棚体量较大,被分成四部分。每一个部分都做了造型灯池,金属线条收边。中间悬挂长方形吊灯、辅助筒灯。墙面软包搭配金属线条收边,悬挂相应尺寸的长条形壁灯。通体的门与门头统一木饰面,金属包门口。地面运用蝴蝶兰的抽象图案。

材料

镜面不锈钢、墙纸、马赛克、石材。

技术重点、难点及创新点

吊顶顶棚曲面的木线收边并暗藏灯带是本空间的施工难点。

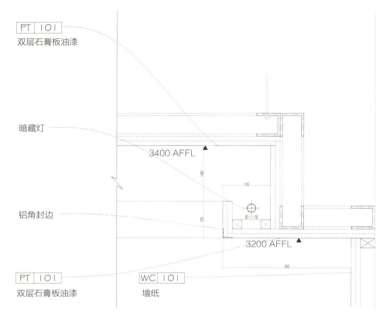

吊顶细部图

游泳池

商务套房（卧室+浴室）

标准间

宝能桔钓沙莱华度假酒店室内精装修工程

项目地点
广东省深圳市龙岗区桔钓沙海滨度假区

工程规模
工程造价约 3100 万元，装修施工面积 11712m²

建设单位
宝能酒店投资有限公司

设计单位
深圳市姜峰室内设计有限公司

开竣工时间
2014 年 10 月至 2017 年 06 月

获奖情况
荣获"2017 年度深圳市金鹏奖""2017—2018 年度中国建筑工程装饰奖"

社会评价及使用效果
作为大鹏半岛国际生态旅游度假的标杆项目，桔钓沙莱华度假酒店是中国首家生态型超白金五星级滨海度假酒店，被列为深圳市及大鹏新区文化旅游产业重大项目。定位于亚太地区地标性滨海旅游度假酒店和具有浓郁东方文化韵味的滨海旅游度假胜地。预计每年接待高端消费旅客可达 17 万人次，将带动大鹏半岛高端旅游产业的发展。工程完工，建设使用单位非常满意，设计方对竣工效果大为赞赏

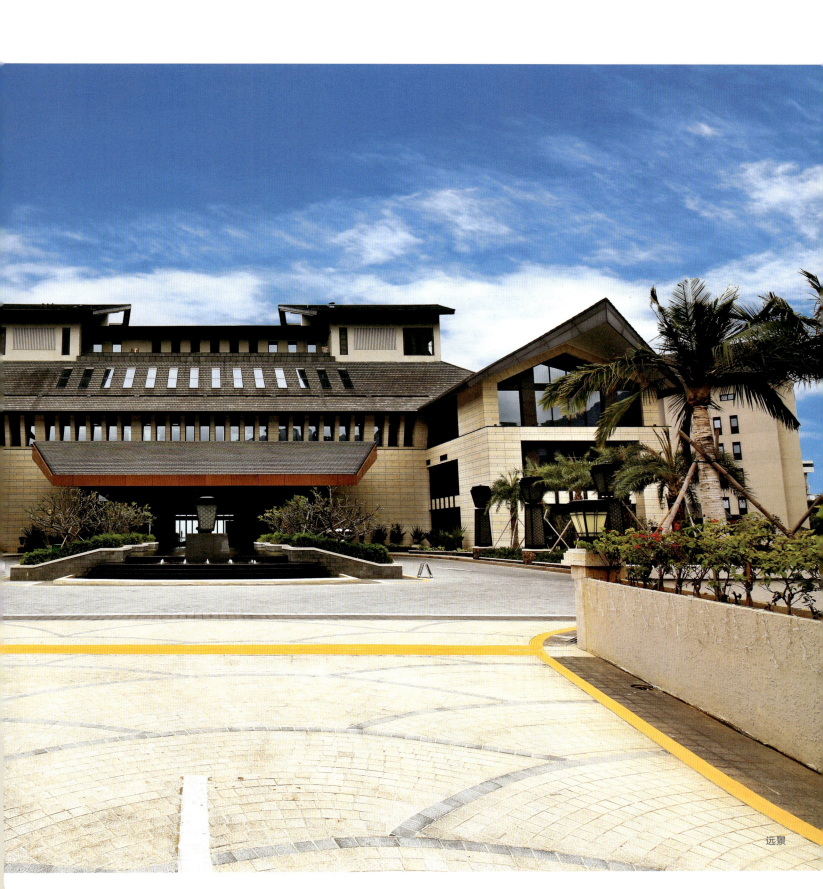
远景

门廊

设计特点

深圳桔钓沙莱华度假酒店是莱华酒店及度假村旗下第一家奢华五星级度假酒店,坐落于深圳东部大鹏半岛国际旅游度假胜地,坐拥桔钓沙——"深圳最美海滩"。这是一家集高端住宿、会务、餐饮、娱乐于一体的新区首家白金五星级标准滨海度假酒店。天赐白色沙滩、浅缓沙堤、湛蓝透明的海水,依山傍海。酒店采用东南亚民族岛屿特色与精致文化品位相结合的设计,广泛地运用木材和其他天然原材料,体现了自然生态、绿色环保的设计理念。酒店大堂的顶棚造型源于船帆,有规律地变换造型,就像风吹过的船帆一样。

大堂

空间介绍

酒店大堂

简介

酒店大堂位于酒店的主入口，是酒店接待顾客、举办活动等的接待场所，同时在视觉上也是整个酒店的重点空间。该酒店拥有优越的地理位置，出门即是优美的海滩，因此酒店的整个空间设计也以"热带""民族特色""生态"为主题，做到了纵向达 9m 的尺度。平面布局运用轴线形式，以中轴线为基线对称分布。广泛地运用木材和其他天然原材料，如海珊瑚毛石、椰子壳木饰面、贝母片锦砖和黑橡木等，体现了自然生态、绿色环保的设计理念。酒店大堂的顶棚造型灵感源于船帆，中轴线两侧的柱子对称分布，中轴线上的大堂雕塑是无边界的室内水景，与软装倒映的镜像浑然一体。

材料

海珊瑚毛石、椰子壳木饰面、贝母片锦砖、黑橡木、雪花白石材、黑白根石材。

石材干挂施工工艺

清理结构表面→结构上弹出垂直线→大角挂两竖直钢丝→工地收货→挂水平位置→石料打孔→背面刷胶→贴柔性加强材料→支底层板托架→放置底层板用其定位→调节与临时固定→灌 M20 水泥砂浆→设排水管→结构钻孔并插固定螺栓→镶不锈钢固定件→用胶黏剂灌下层墙板上孔→插入连接钢针→将胶黏剂灌入上层墙板的下孔内→临时固定上层墙板→钻孔插入膨胀螺栓→镶不锈钢固定件→镶顶层墙板→嵌板缝密封胶→饰面板刷二层罩面剂。

接待台

空间简介

接待台位于一层大堂的左侧,是来往客人进行登记、结账、咨询的必经之地。因此,酒店接待台的设计也反映了整个酒店的风格和定位。本案例中接待台的造型灵感取自于帆船,纹理似渔网,反映了酒店所处地区的"渔"文化。背景墙面运用了透光云石做了发光处理,蓝色的光照应了海底的设计元素。与透光墙壁相连的是竖向曲线造型,铁艺的装置灵感来源于水草。接待台的吊灯做成了波浪形,契合海洋的主题。

接待台

材料

古堡灰石材、雪花白石材、黑色镜面不锈钢、透光云石、栎木饰面、白色环保乳胶漆。

工艺

接待台采用工厂化定制，现场安装，上下暗埋件固定，曲面的木饰面上做了网状的分缝，雪花白石材做台面装饰。

大堂吧

空间简介

大堂吧位于酒店大堂的右侧，是顾客洽谈协商及聚会等候的场所。布局上围绕体量较大的结构柱布置家具，做成半包围的形式，通道预留。服务吧台靠窗一侧设立，餐食饮品由这里提供。

大堂吧

材料

灰色火烧面石材、古堡灰石材等。

难点、重点及创新点

工程难点和重点是顶棚面积较大，顶棚龙骨系统若不能重复使用，材料消耗加大，施工工期拉长；大堂吧的柱子运用石材铺贴，在处理与顶棚的收口时，采用常规传统的石材与石膏板拼接的方法，会有沉闷的观感，设计及施工单位勇于创新，将石膏板顶棚退了100mm，这样柱子与顶棚之间形成了"退进"的关系，增加层次感、立体生动。

科技创新

基于工程难点重点，通过技术创新以重复利用顶棚龙骨系统。可重复使用的顶棚龙骨系统获发明专利证书（专利号 ZL 2016 1 0257534.1），该专利包括膨胀螺栓组件、吊杆和龙骨组件。膨胀螺栓组件包括连接件、套管和胀栓；胀栓的内部形成连接腔，该胀栓的上端设有锥形部，该锥形部的外径从下至上逐渐增大，该胀栓用于插装于套管内侧并使锥形部卡在多个翼片之间；该连接件包括筒体部和固设于筒体部上方的螺杆部；吊杆的上端与筒体部内侧螺纹连接；龙骨组件包括主龙骨挂件、主龙骨、副龙骨挂件和副龙骨，主龙骨挂件与吊杆的下端螺纹连接，主龙骨的上端挂设在主龙骨挂件上，副龙骨挂件的上端挂设在主龙骨的下端，副龙骨挂件的外侧设有卡装槽，副龙骨的上端卡在卡装槽中；饰面板安装在副龙骨上。本发明组装和拆卸较为方便，而且可重复利用。

电梯厅

空间简介

电梯厅的设计主题与大堂一脉相承，运用材质自身的质感表现设计效果。墙面大面积使用福鼎黑石材，与小比例的古堡灰石材拼接。地面与大堂地面的拼接方式一致，运用三种石材采用不同的形状及方向铺贴方式，避免使用相同材料造成的空间呆板。电梯轿厢正对面的墙面运用雪花白石材做了凹凸的拼接方式，同种材质之间的错落变化增强墙面的质感。顶棚做了跌级造型灯池，安装长方形水晶吊灯。电梯门口古铜色镜面不锈钢收口，延续大堂中石材与金属的组合。

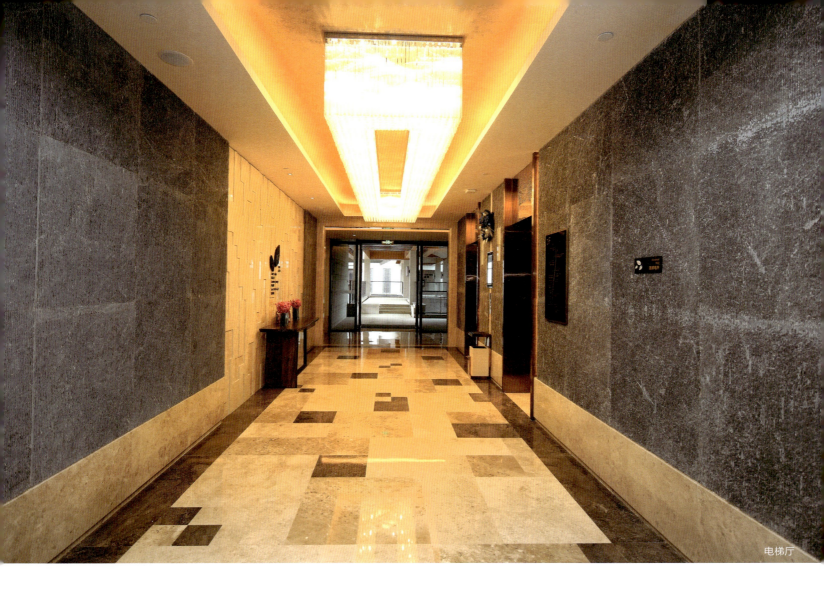

电梯厅

材料

福鼎黑石材、莎士比亚灰石材、古铜色镜面不锈钢、黑白根石材等。

大型水晶吊灯安装施工工艺

①检测零配件,正常水晶吊灯零配件有:吸顶盘、挂板、西片、灯泡、电线、固定灯盘、背条、膨胀螺栓、螺钉等。

②测试灯泡是否都是好的,首先在灯盘上装灯泡,拿出灯泡小心拧到灯盘上,当每个灯泡都装好之后,开灯试验,保证灯具的正常使用。

③把挂板从吸顶盘上拿下来,对准吸片上的空孔选择合适的位置,如果找空位一直没对准,注意调整一下螺钉的位置。

④用安装条在顶棚板上对比出需要安装螺钉固定的位置，然后用标识笔标识要钻孔的位置，拿出电钻装上 6mm 钻头在顶棚板标识位置钻孔。

⑤用锤子将膨胀螺栓敲入顶棚板的孔中，然后将挂板固定在顶棚板上，用螺丝刀固定螺钉。

⑥接线并固定灯盘，然后将房间电源关闭，把留出的电源线头与灯线连接，缠上胶布，再把灯盘固定到背条上。

⑦装饰配件安装，拿出包装盒里面的零件，按照图纸的说明组合安装，把配件挂齐，根据水晶吊灯的款式有不同的配件，有些只有灯泡，有些还包括水晶球、水晶条、珠链等配件。全部挂完之后，检查是否有漏电的地方，测试灯具是否能正常启动。

客房

空间简介

行政套房包含卧室、会客厅、卫生间及阳台四种功能空间，卧室同时还有一个小的休闲区。卧室与卫生间的设计都是以中轴线为基准，做对称式的布局。床头背景做了半包围的形式，考虑到居住者的心理舒适度，用金属屏风加以分隔。床靠背后是学习区。这种布局形式在酒店的设计中较为特别，将一种比较新颖的生活方式注入客房的设计中。卫生间的拉门是茶镜做了整面，在满足功能需求的基础上放大了通道的空间感。墙面运用硬包扪布与玫瑰金收边的装饰形式，在中轴线的左右两侧做对称的"端景"，形式对称，内容有所变化，追求"静中制动"的装饰效果。床尾沙发与两个对称的单人位沙发围合成休闲区。家具都选择了红腾木饰面、米白色布艺。顶棚造型跌级，黑钢收边，与床背板的收边元素统一。

材料

钢化夹丝玻璃、黑色拉丝不锈钢、米色墙布、纤维壁布、胡桃木饰面、米黄石材、灰木纹石材、扪布、贝母锦砖、钢琴漆、茶色钢化玻璃、玫瑰金不锈钢。

行政套房

行政套房卫生间

会客厅

空间简介

行政套房的会客厅是入住房间的主人用于待客、商务及小型会议的空间，具有很强的功能性。入户的门厅区包括书写区、衣帽间、卫生间及迷你吧，地面选用古堡灰石材，装饰材料选用黑檀。会客区包括沙发区与电视墙，沙发的背景墙面运用硬包扪布及黑色拉丝不锈钢收口，红腾木是门面格栅造型。配合投射的灯光做装饰画。客房对门厅与会客区通过地面的材质进行了区分，会客区的地面是实木地板。电视背景墙与沙发背景墙都以横向轴线为中心对称式分布。

材料

钢化夹丝玻璃、黑色拉丝不锈钢、米色墙布、纤维壁布、红腾木饰面、米黄石材、灰木纹石材、扪布、钢琴漆、茶色钢化玻璃、玫瑰金不锈钢、黑檀木。

工艺

电视背景墙面运用镀锌方通打底，多层板饰面；硬包与木饰面拼接，金属收边；墙面装预埋挂件及足够的插座，暗埋 ϕ25PVC 穿线管，所有电线通过这根管穿到下方电视柜上，将 DVD 线、闭路线、音响线等装在里面；暗藏灯带。

会客厅

总统套客厅

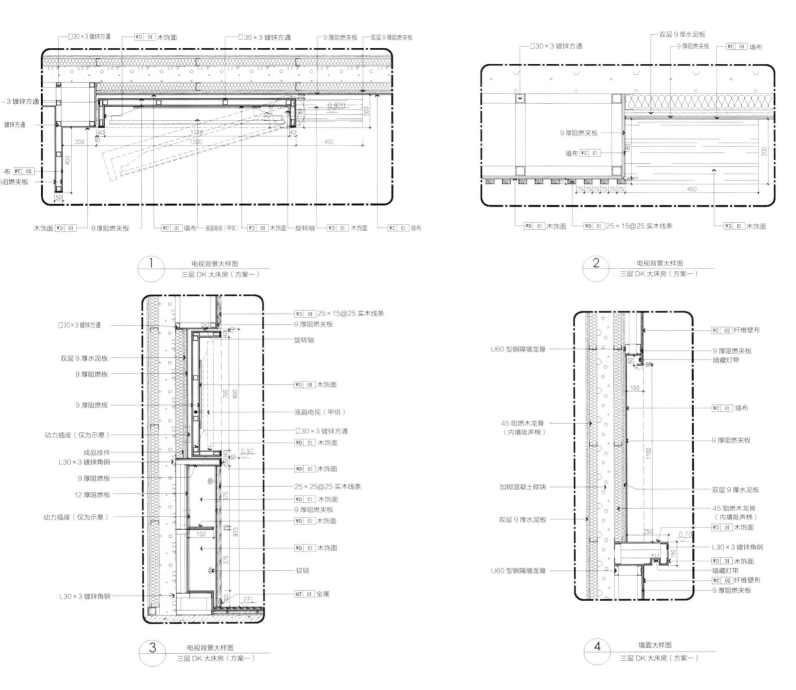

客房会客厅电视背景墙大样

科技创新

实用新型专利：一种电视暗藏走线穿管埋件（专利号 ZL 2016 2 0224024.X）。该穿管埋件将外露的设备线埋藏于墙体内，外观整齐美观，能根据实际需要调整整个预埋件的长度，以适应电视与电视柜体之间的高度，从而满足不同安装高度的需要。

中国五矿·哈施塔特项目装饰工程

项目地点
惠州江北CBD都市生态新区，紧邻博罗体育中心

工程规模
装修面积12000m²，工程造价约1300万元

建设单位
博罗县碧华房地产开发有限公司

设计单位
深圳市假日东方室内设计有限公司

开竣工时间
2011年9月至2012年6月

社会评价及使用效果
本项目类型丰富，涉及独立别墅、双拼别墅、联排别墅、高层、商业、酒店等多种类型，有近400套联排、双拼及少量独栋。其室内奥地利风格特点是外形自由，追求动态，喜好富丽的装饰和雕刻及强烈的色彩，大部分采用穿插的曲面和椭圆形空间，新旧风格的建筑装饰和谐共存，现代建筑的玻璃幕墙映照着哥特式教堂。富丽堂皇的大楼、皇家花园、色彩鲜明的雕像，所有这些都体现了奥地利悠久的历史文化沉淀下的装饰风格精髓。整体迷人的湖山风光使其成为世界上最美的奥地利风情小镇，成为全国第一个奥地利风格的旅游度假风情时尚小镇

夜景

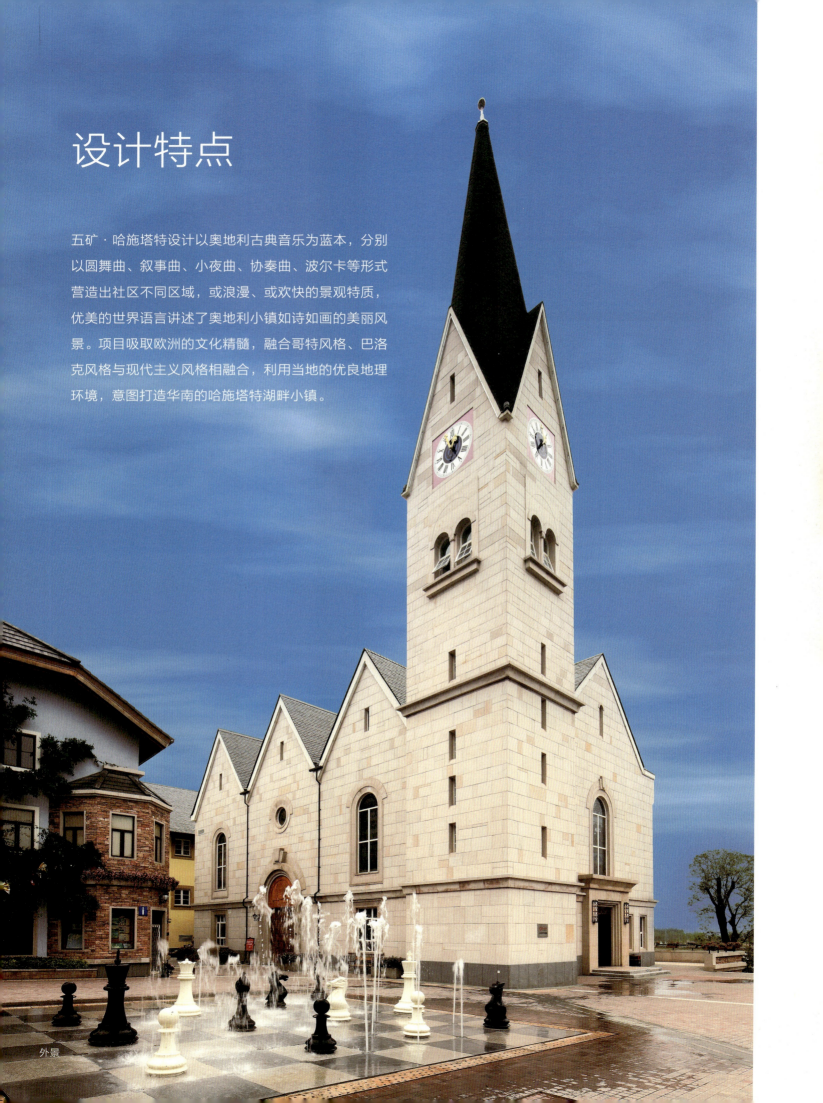

设计特点

五矿·哈施塔特设计以奥地利古典音乐为蓝本，分别以圆舞曲、叙事曲、小夜曲、协奏曲、波尔卡等形式营造出社区不同区域，或浪漫、或欢快的景观特质，优美的世界语言讲述了奥地利小镇如诗如画的美丽风景。项目吸取欧洲的文化精髓，融合哥特风格、巴洛克风格与现代主义风格相融合，利用当地的优良地理环境，意图打造华南的哈施塔特湖畔小镇。

外景

大厅

空间介绍

接待大厅

简介

运用哥特风格的尖顶、巴洛克风格的壁画顶棚，将希腊的柱式进行了现代的演绎。顶面为石膏线，中间装饰的是宗教主题的油画，四角搭配金色花卉造型的石膏雕塑。每个横梁分割顶棚成为三部分，中间悬挂大体量的铁艺吊灯。墙面是高耸的希腊多尼克柱子，表面米黄色石材装饰。墙面做了哥特式的尖顶壁龛造型，并搭配宗教和花卉主题的画作。二层装饰红棕色雕花挑台，风口暗藏在木雕花里面。地面铺米色与黄色拼接的釉面砖。整体米黄色色调，仿佛置身于17世纪的奥地利，来一场异国的时光邂逅。

材料

木雕画金箔、实木角线、18mmPU角线、艺术油画、米黄色肌理漆、彩绘玻璃门、铁艺彩绘玻璃窗、石材角线、艺术涂胶、白色乳胶漆、金色石材、宝丽金石材拼花、罗马金网石材。

技术难点、重点及创新点

本空间采用了大量的石材及石材拼花装饰，石材的定板定样、采购、加工需特别重视。大面积天然石材墙地面，对石材的材质、颜色及纹理效果要求较高。同时地面大理石拼花复杂，水刀加工工艺多，石材数量多，规格较多，而且石材尺寸大多数都不同，必须确保石材排板以及保证施工时尺寸准确。因此石材施工工艺是本空间的重点和难点。

隐藏式木雕花风口是本空间的施工创新点，设计上运用隐藏风口的手法，使其恰好与挑台的栏板做相同的雕花形式，既美观又具备通风功能。

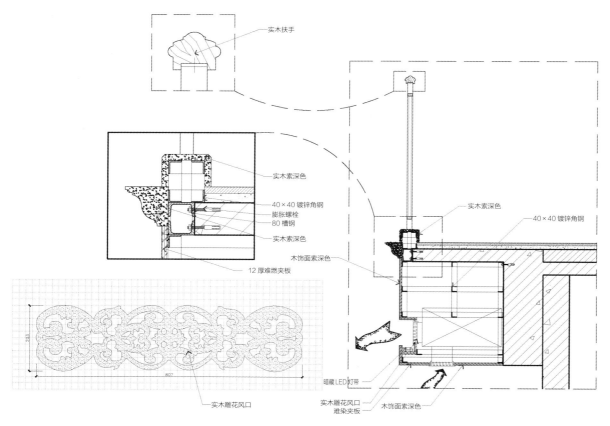

雕花风口及铁艺栏杆施工图

石材铺贴施工要点

精确、标准的放线工作

控制性水准点复核无误后,进行平面放线工作。将 0.00 标高(或 500 线)引至施工区域的墙、柱面,并进行标志和记录:在柱面四周和墙面弹出 500 线,作为控制性基准。完成以上工作后,在独立柱四周和墙面根部做控制性地面 0.00 标高灰饼,灰饼采用 100mm×100mm 小块光滑面石材或抛光砖。完成墙、柱面根部灰饼工作,将灰饼引到柱与柱中端,使得灰饼标高控制点的间距 9m 左右,以利标高控制。在楼梯、扶梯和电梯门洞位置应重点布设灰饼。灰饼应用水泥浆牢固地与结构层连接,以防松动或被破坏。灰饼布设完后,应用水准仪进行复测,标高误差 9m 范围内应在 3mm。

平面控制线的放线工作,首先采用经纬仪和 30m 长钢卷尺对轴线进行复核。复核无误后,在几个大空间内先放出纵横两垂直控制线,并在图纸上进行记录。东西方向的控制线设在两结构柱中间,贯通整个平面;第二条线东西方向的控制线设置在两轴间,分别贯穿整个平面,并在每一个柱上弹出轴线,做明显标识。

石材六面涂刷防碱保护剂

施工用石材属天然材料,存在物理性能及化学性能上的缺陷,如裂缝、空洞、与水泥或其他物质产生反应等。同时,施工现场条件复杂,容易污染,因此,在施工前必须采取有效的防护措施,以确保成品质量。

石材背面防渗防碱处理:首先对石材进行基面清洁,使其干净、干燥、无油污,用刷子或非雾化喷枪进行涂覆。石材渗透封闭剂应在石材背面及四个侧面均匀涂覆,每层每升约涂 8～16m^2,涂层数依基面类型而定,剂料涂刷后应干置 1h 以上。

石材面密封养护处理:首先进行基面清洁,使其洁净,无蜡、油,用滚筒进行密封护剂涂覆。一般需涂刷两遍,第一层用量要多,可按 10～20 m^2/L 进行涂刷,第二层在 15～30min 后第一层涂刷被吸收后再行涂刷,涂层应均匀,应去除层内的气泡。

铺贴

铺贴前认真进行放线工作,必须每隔 9m 有一通线,并每铺设 9m 进行复核,发现有正误差须挑选负误差较大的板材来铺贴最后一排,将误差消灭在 18m×18m 或 18m×15m 范围内。

铺贴时先将基层清理干净（必要时采用水洗法），并洒水淋湿基层，然后在基层上均匀刷一道素水泥浆，再用30～40mm厚1：4干硬性水泥浆找平，后将石材放在其上试铺，用橡皮锤敲击，使其达到铺贴高度。试铺完成后起出石材，在石材背面均匀地抹3～5mm厚素水泥浆，并用铲刀刮平后再进行铺贴，用橡皮锤敲击，既要使其达到铺贴高度，又要使砂浆结合密实平整，同时用水平尺和直角找平找直。完成后用棉纱清理表面，并保证石材侧面无砂粒和灰浆。

地面石材铺设工作应结合工程进度总体安排分区域铺贴，以保证各工种交叉施工。

地面石材伸缩缝、地面装饰线栏杆预埋件的处理和地面出线口（地面插座）处理

石材地面伸缩缝、装饰线、栏杆等的预埋件工作应在相应部位石材铺贴之前完成。地面设缝可进行预留式或在石材面铺设完毕后进行，先在石材面上贴美纹纸，弹出留缝线，然后切割，用凿子起出留缝位置的石材即可。地面伸缩缝留缝工作完成后，用水泥浆勾平石材留缝的底槽，待水泥浆干透后，在石材伸缩缝两边贴美纹纸，用胶枪将专用密封胶打入底槽内，要求饱满，用刮刀刮平，撕掉美纹纸即可。伸缩缝的施工应在工程完工前进行，并注意地面打胶固化前，禁止踩踏。

地面出线口、地面插座留口的施工应随石材的铺设一同完成。根据地面线盒口的尺寸，在石材面上画出打孔位置，然后用石材台式钻孔机在石材上打孔，打孔半径大于线盒口外径的2.5～3.0mm。

石材地面示例标准

石材拼角处理	精修标准：拼角无错位现象，补缝需调色使之过渡自然，且考虑综合布局的对缝问题。
不同颜色石材交界处理	精修标准：表面须平整，无错位现象，填缝处理须调整颜色，保证交接处界限清晰顺直，且过渡自然。
地面石材与石材或木饰面柱脚交接	精修标准：交接处须无朝天缝，填缝处理后须无胶污染，交接线顺直利落。
石材晶面	精修标准： ①石材表面色泽统一、润泽、光亮如新，手感细腻、光滑并带有水质效果。 ②石材表面光亮度一致，石材构成结构完好，目测可清晰倒影物体，且无明显扭曲现象。 ③测光仪测量整体镜面光泽度80±5度，向石材表面泼洒适量中性液体（禁止酸碱性），即刻形成水珠状，2h后无明显渗入。

沙盘区

空间简介

沙盘区的设计元素延续大堂，增加了卷形铁艺元素。顶棚造型做了跌级灯池搭配石膏线收边，顶面中心是宗教主题油画，植物花纹围绕油画展开。墙面柱式是罗马多尼克柱式，面层叠加黄色石材修饰。挑空的栏杆是植物花纹的铁艺造型，从二楼可以清晰看到一楼的沙盘。地面分区域石材菱形拼花，圈深色波导线。软装运用的褐色布艺，成为空间的重点色。吊灯选用体量较大的水晶灯，符合巴洛克华丽的设计理念。

沙盘区 1

材料

实木角线、皮革、10mm钢化玻璃、木饰面索深色、实木雕花、铜条、金色石材、宝丽金石材拼花、罗马金网石材。

技术难点、重点及创新点

墙面采用大量成品、半成品木饰面加工制品，不同材质不同层面的收边收口较多，装修收口细部处理是本空间的施工重点和难点。

工艺措施

装饰工程细节处理很重要并且直接影响装饰效果，装修效果要达到较高标准，细节的处理尤为重要。它一方面是指饰面收口部位的拼口接缝以及对收口缝的处理，用饰面材料遮盖、避免基层材料外露影响装修效果；另一方面是指用专门的材料对装饰面之间的过渡部位进行装饰，以增强装修的效果。

装修技巧

①收口线不能有明显断头，交圈要求连贯、规整和协调。每条收口线在转弯、转角处能连接贯通，圆滑自然，不断头、不错位，宽度均匀一致。装修收口的方法主要有压边、留缝、碰接、榫接等方法。

②顶棚线、装饰线、空调风口等收口用装饰构件遮盖需要收口的饰面，简化了饰面在收口位置的处理。使用装饰线进行收口时，由于饰线与饰面的接触面相对较小，且因为变形易产生空鼓、脱落等质量问题。因此，除了使用胶黏剂固定外，还应尽量使用螺钉、钉子等进行加固。如果因为饰面的要求不能使用螺钉、钉子等加固时，应想办法增大饰线与饰面的接触面积，或者采用暗榫来进行固定。

③石膏板顶棚与墙体的收口处理

采用成品U形不锈钢装饰条，既防止石膏板顶棚与墙体的开裂，又增加了装饰效果。成品U形不锈钢装饰条工厂加工，保证了阴角的平直，易于施工。石膏板顶棚常常因变形而出现开裂现象，成品U形不锈钢装饰条留有一定的伸缩空间，避免挤爆或是拉裂。

④石材、瓷砖、玻璃等，收口方式通常采用留缝收口，再勾缝处理。

⑤利用建筑设计风格来分隔不同的构件，设置收口缝。

休闲洽谈区

空间简介

休闲洽谈区是工作人员与业主沟通、签订合同的区域。过道有各个分户型的沙盘模型。顶棚造型是传统欧式的方形内凹式，造型神似中国的藻井，图案是欧洲的古典花纹，顶棚运用金箔，有晕染灯光的作用。吊灯选用铁艺水晶灯，按次序排列，四周是跌级灯池。背景墙运用实木线条收边，两侧搭配对称菱形拼接银镜，通道上的罗马柱式装饰壁灯，每两个柱子之间加造型横楣。家具选择奢华舒适的欧式实木家具，适合洽谈久坐。

休闲洽谈区

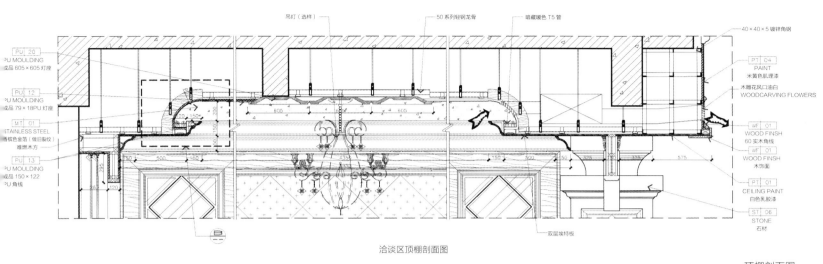

洽谈区顶棚剖面图

顶棚剖面图

材料

PU角线、金箔、黑金花石材、宝丽金石材、罗马金网石材、珊瑚红石材。

难点、重点及创新点

洽谈区的跌级顶棚造型比较复杂，工艺处理要求较高，是此空间的施工重点和难点。

跌级造型顶棚施工工艺

施工方法

首先确认施工部位，测量顶棚设计标高与实际高度是否相符，如果顶棚标高受到其他设施的影响，应立即报技术组负责人落实解决，然后根据确认下来的标高，准确地在墙上1m高处四周弹水平线，按如下步骤进行严格的施工：

①熟悉图纸，了解顶棚上的灯具、广播喇叭、空调口、喷淋头和消防探头的具体位置，吊放龙骨时尽量避开这些部位。

②主龙骨吊点间必须保证每平方米内有一吊杆，吊杆应为直径8mm的钢筋，钢筋如长度不够需要焊接，必须焊固，不可存在虚焊，同时做好防锈处理。拉爆螺丝应完全拉紧，不得有松动。

③主龙骨的型号必须满足承受吊顶荷载的要求，主龙骨的间距应为800mm×800mm，次龙骨的间距不得大于400mm×600mm。

④轻钢龙骨在施工中应有起拱高度，且应不小于房间短向跨度的起拱1/1000（10m跨内水平线上中心提升1cm高），跨度越大起拱随之增大。

⑤全面校正主次龙骨的位置及水平度，其他各专业工种也必须紧密配合，做好各自的隐蔽验收后，才能进行石膏板封闭。

⑥接到顶棚隐蔽工程记录认可表后，开始石膏板的安装，石膏板宜纵向铺设，安装时自攻螺钉与板边距离应为10~15mm，螺钉间距以150~170 mm为宜，均匀固定，钉头嵌入板面深度以0.5~1 mm为宜，板与板之间的缝隙应在3~5 mm，固定时应从一块板的中间向板的四边固定，不得多点同时操作。

⑦凡用夹板造型的跌级顶棚，应在地面上开线弹墨定位，再用悬垂挂线定出吊装跌级造型的准确位置，安装好吊装的支撑铁件或吊杆，试吊后临时挂起，通线后调平，再把跌级造型紧固，所用的木方、夹板均要进行防火处理，高级装饰还要进行防虫处理。

⑧螺钉眼应先刷防锈漆，再用石膏腻子点补，缝隙在填满后必须用纱布封闭，然后根据面层的装饰材料，做好板面的平整和防潮处理。

检验方法

①检查吊顶工程所用材料品种、规格、颜色以及基层构造，固定方法等是否符合设计要求。

②罩面板与龙骨应该连接紧密，表面应平整，不得有污染、折裂、缺楞掉角、撞伤等缺陷，连接应均匀一致，粘贴的罩面板不得有脱层，胶合板不得有刨透之处。

③搁置的罩面板不得有漏、透、翘角现象。

④用2m靠尺和楔形塞尺检查观感平整度，误差不得超过1mm。

⑤拉通长线检查接缝平直度和压条平直度，误差不得超过2mm。

⑥用直尺和楔形塞尺检查接缝高低，误差不得超过 1mm。

⑦用直尺检查压条间距，误差不得超过 2mm。

⑧用角尺检查吊顶部位的阴阳角垂直平面，误差不得超过 1mm。

休闲吧台

空间简介

酒吧区位于负一层，由前厅、红酒展示厅、雪茄展示厅及影视展示厅组成，服务吧台位于空间的中心，主要向大厅中的顾客提供酒水及轻食。此空间的吊顶延续大堂的设计元素和设计风格，顶棚运用油画与石膏板装饰，墙面运用大量的实木角线与护墙板，表现欧洲 17 世纪时期的华丽装饰。吊灯运用铁艺镂空花纹，家具选用巴洛克风格的经典造型。整体奢华的内装彰显消费者的尊贵身份与品位，为整个售楼中心提供更舒适的体验服务。

休闲吧台

材料

米黄肌理漆、香槟色金箔、PU角线、木饰面索深色、金色石材、宝丽金石材、罗马金网石材、复合石材、浅褐色肌理漆。

技术难点、重点及创新点

酒吧台的做法是此空间的施工重点，运用石材与木材做成的弧形造型，表面粘贴多层实木角线及石材角线。

酒吧台制作工艺

材料要求

①酒吧台木制品由工厂加工成品或半成品，木材含水率不得超过12%。加工的框和扇进场时应对型号、质量进行核查，需有产品合格证。

②其他材料：防腐剂、插销、木螺钉、拉手、锁、碰珠、合页按设计要求的品种、规格备齐。

作业条件

①结构工程和有关酒吧台的构造连体已具备安装条件，室内已有标高水平线。

②柜框、扇进场后及时将加工品靠墙、贴地，顶面应涂刷防腐涂料，其他各面应涂刷底油一道，然后分类码放，应平整，底层垫平、保持通风，一般不应露天存放。

③酒吧台的框和扇，在安装前应检查有无窜角、翘扭、弯曲、劈裂，如有以上缺陷，应修理合格后，再进行拼装。

操作工艺

工艺流程

找线定位→框、架安装→酒吧台、隔板、支点安装→酒吧台扇安装→五金安装。

找 线 定 位	利用室内统一标高线，按设计施工图要求的酒吧台标高及上下口高度，确定相应的位置。
框、架安装	酒吧台的框和架应在室内地坪施工后进行，安装在正确位置后，固定框每个固定件钉2～3个钉子与地坪钉固，钉帽不得外露。如设计无要求时可预钻 ϕ5 孔，深 70～100mm，并事先在孔内预埋木楔粘界面剂，打入孔内黏结牢固后再安装固定柜。采用钢柜时，需在安装地坪固定框的位置预埋铁件，进行框件的焊固。在框、架固定时，应先校正、套方、吊直，核对标高、尺寸、位置准确无误后再进行固定。
酒吧台隔板支点安装	按施工图隔板标高位置及要求的支点构造安设隔板支点条（架）。
酒吧台扇安装	按扇的安装位置确定五金型号、对开扇裁口方向，一般应以开启方向的右扇为盖口扇。检查框口尺寸：框口高度应量上口两端，框口宽度应量侧框间上、中、下三点，并在扇的相应部位定点画线。 根据画线进行框、扇第一次修刨，使框、扇留缝合适，试装并画第二次修刨线，同时画出框、扇合页槽位置，注意画线时避开上下冒头。铲、剔合页槽安装合页：根据标画的合页位置，用扁铲凿出合页边线，即可剔合页槽。安装：安装时应将合页先压入扇的合页槽内，找正拧好固定螺钉，试装时修合页槽的深度等，调好框扇缝隙，框上每支合页先拧一个螺钉，然后关闭，检查框与扇平整、无缺陷，符合要求后将全部螺钉安上拧紧。木螺钉应钉入全长 1/3，拧入 2/3，如框、扇为黄花榴或其他硬木时，合页安装螺钉应画位打眼，孔径为木螺钉直径的 0.9 倍，眼深为螺钉的 2/3 长度。安装对开扇：先将框、扇尺寸量好，确定中间对口缝、裁口深度，画线后进行刨槽，试装合适时，先装左扇，后装盖扇。
五 金 安 装	五金的品种、规格、数量按设计要求安装，安装时注意位置的选择，无具体尺寸时操作就按技术交底进行。一般应先安装样板，经确认后大面积安装。
成 品 保 护	①木制品进场及时刷底油一道，靠墙、地面应刷防腐剂处理，钢制品应刷防锈漆，入库存放。 ②安装酒吧台时，严禁碰撞抹灰及其他装饰面的口角，防止损坏成品面层。 ③安装好的酒吧台隔板，不得拆动，保护产品完整。

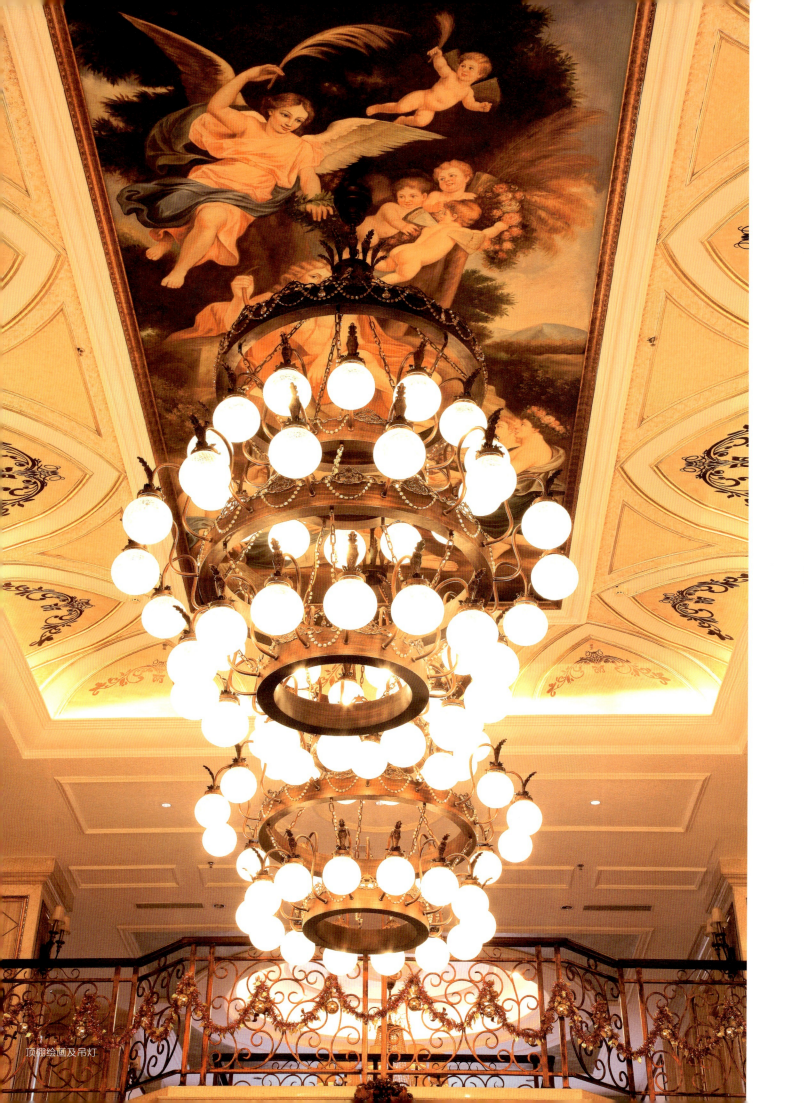

顶棚绘画及吊灯

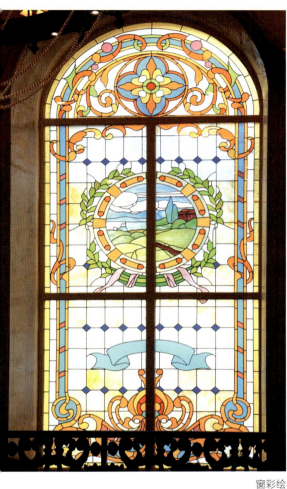

窗彩绘

| 应注意的质量问题 | ①柜框安装不牢：预埋木砖安装时固定点少，使木砖活动。用钉固定时，要将木砖埋牢固。
②合页不平，螺钉松动，螺帽不平正，缺螺钉：主要原因，合页槽深浅不一，安装时螺钉打入太长。操作时螺钉打入长度1/3，拧入深度应2/3，不得倾斜。
③柜框与洞口尺寸误差过大，造成边框与侧墙、顶与上框间缝隙过大，注意结构施工留洞尺寸，严格检查确保洞口尺寸符合要求。 |

质量标准

主控项目：①酒吧台制作与安装所用材料的材质和规格、木材的燃烧性能等级和含水率、花岗石的放射性及人造木板的甲醛含量应符合设计要求及国家现行标准的有关规定。

②酒吧台安装预埋件或后置埋件的数量、规格、位置应符合设计要求。

③酒吧台的造型、尺寸、安装位置、制作和固定方法应符合设计要求，安装必须牢固。配件的品种、规格应符合设计要求。配件应齐全，安装应牢固。抽屉和柜门应开关灵活、回位正确。

一般项目：酒吧台表面应平整、洁净、色泽一致，不得有裂缝、翘曲及损坏，裁口应顺直、拼缝应严密。

太古城商业中心（南区）精装修及安装工程

项目地点
深圳市南山区中心路 2199 号

工程规模
工程造价约 5000 万元，建筑面积 34392.18m^2

建设单位
宝能地产股份有限公司

设计单位
深圳市姜峰室内设计有限公司

开竣工时间
2012 年 2 月至 6 月

获奖情况
2013 年度荣获深圳市装饰金鹏奖，2013 年荣获广东省优秀建筑装饰工程奖，2014 年荣获中国建筑装饰工程奖。

社会评价及使用效果
是深圳湾唯一的国际化购物中心，拥有 11 万平方米的商业体量，以出众的气质从南山深圳湾中心区脱颖而出，依托湾区规模最大的建筑群，以南北分区的建筑形式和独特业态，形成新中心双核商业集群。它不仅填补了深圳湾中高档商业空白，还将引领周边其他商业，成为深圳商业鼎盛的见证

夜景

商场过道

设计特点

宝能太古城是深圳一个大型滨海都市综合体，是湾区的居住核心、商业核心、交流中心，是湾区地标、时代旗舰。其设计融合了都市的时尚元素和海洋文化，流畅动感的线条寓意人潮如海水般涌入，掀起了一场购物风潮；暖色调木纹的融入，加强了空间氛围的营造。清新淡雅的色调在视觉上拉伸空间的尺度。在消费者进入商场时，可以体验到开阔的空间感。建筑造型结合水滴的概念使空间更显丰富，活跃商场氛围，呼应主题。简洁流畅的线条，能更好地展示商铺；材质的搭配与色调，让空间不失品质感的同时更具亲和力。自上往下的跌级关系使中庭具备了观赏性，并能感受到不同楼层的商业氛围，形成良好的互动。特定空间的设计充分体现了空间的人性化与品质感，营造温馨、时尚、品质且充满趣味性的氛围，呼应主题的流线设计形态，让消费者的心理和身体都得到缓解和释放。

空间介绍

门厅

简介

门厅是顾客进入商业中心的第一个功能空间，具有重要的定位作用。充满时代气息的空间氛围，给人以时尚、灵动、温馨的感受，成为人们购物的第一体验。设计风格采用现代简约形式，明快的线条与造型相结合，营造出大气、亲和的环境。顶棚以白鸽与圆形造型居中，给人以"皓月当空、自由飞翔"的感受，更增加了空间的趣味性和想象力，深受顾客的喜爱。

门厅顶棚以木饰面与铝格栅相互搭配，配以飞翔的鸽子与圆形跌级石膏板造型；墙面采用古堡灰人造石，地面采用麻石灰与白色人造石拼接。

材料

灰色人造石、淡黄色人造石、深灰色涂料、白色涂料、银灰色铝板。

门厅夜景

技术难点、重点及创新点分析

多种材质、不同造型的吊顶是本空间的施工技术难点和重点,施工过程中需要重点控制各种不同材质、不同标高的层面相互收口收边关系,严格放线放样工作。

复杂造型吊顶施工工艺

施工准备

①对施工图纸和相关的设计要求、施工规范,进场解析。
②顶棚木饰面、石材进场下单排版,复核现场实际尺寸。
③顶棚铝转印方通数量预估,由于穿插木饰面需要加大损耗。
④准备9mm夹板、吊丝、∟40角钢、T形挂件、主龙骨、φ8吊杆、细沙、白水泥等基层材料。

施工流程

①现场按图放线,确定现场实际尺寸。

顶棚装饰

②顶棚基层吊杆按国家现行规范安装，顶棚龙骨排布安装，木饰面部分封 9mm 夹板打底做造型边。

③墙面基层放线排布∟40 角钢并调整水平，固定 T 形挂件安装大理石。

④地面石材预排，按排版图进行铺贴，先铺贴不同石材拼接，再进行四边扩散，最后在墙边切割收口。

⑤顶棚弧形木饰面安装，艺术装置白鸽吊装（固定于楼板），铝转印方通安装。

施工要点

①顶棚防火等级需要达到 A 级，为满足设计效果及消防规范，选择了铝转印顶棚同时满足各方面需求。

②艺术装置白鸽的固定点需要承受一定的拉力，固定于铝方通后期会产生材料变形，为避免后期出现隐患，必须将受力点固定于楼板。

③对于不同石材之间的拼接，现场采用的方法是前期做好图纸工作，对现场尺寸严格把控，石材在厂家预排完善，运至现场一次拼接成型，节约大量人力、物力以及时间成本。避免了现场切割圆弧，导致石材崩边、花纹不容易一次成型等问题而返工。

过厅

空间简介

过厅是商业中顾客流动及观赏的功能空间，是体现整个商业空间档次、品位的最主要空间。整个过厅设计延续门厅现代简约的风格，以流畅的线条展现出现代的购物环境，给人以轻松、亲切、祥和的感受。能够提高人们的滞留时间和购买数量。地面两种不同色彩的石材形成的曲线，除给顾客以引导作用外，还体现整个空间的特点。波浪形顶棚造型，圆形灯具造型，弱化了柱子的突兀，增加了顶棚的动感。

材料

银灰色铝板、拉丝不锈钢、镜面不锈钢。

技术重点、难点及创新点

铝板包柱子的造型与施工是本空间的重点，采用镀锌钢架打底作为圆形柱身的基础，银灰色铝板饰面，拉丝不锈钢收口。

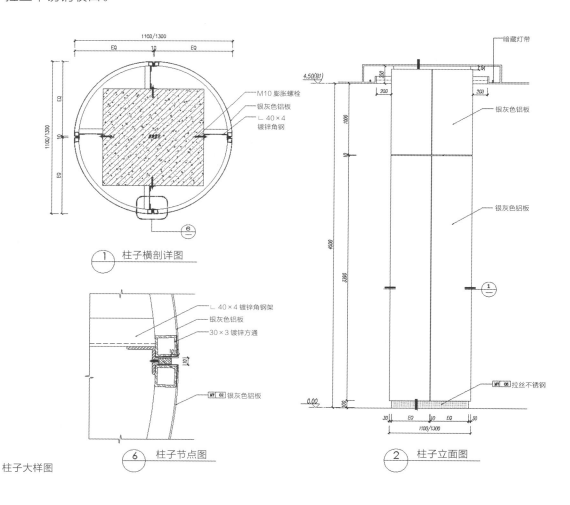

柱子大样图

过厅1

过厅2

铝板包柱施工工艺

施工准备

电锤、铁锤、活动扳手、固定扳手、2m 靠尺、吊线锤、角尺、钢丝刷、手电钻、大力钳、螺丝刀、胶枪、灰刀、卷尺、红蓝铅笔、电焊机、水平尺。

施工工艺流程

放线→复检埋件→安装钢支座（连接件）→安装龙骨→安装铝板面板→嵌缝安装、打胶→自检→清洁→验收。

施工放线

①结构柱垂直度较正，在龙骨安装位轴线吊垂线，用角尺测量上下各一点，记录数据，平均值放大 10mm。
②将轴线位置用红蓝铅笔在楼面做好标识，用角尺 90°引线画出来，定出相对位。

立挺安装

①连接角码加防腐型方垫片、加弹簧垫圈、加对穿螺栓与龙骨手拧固定。
②将龙骨上口对接标识位置，点焊角码临时固定。
③用 2m 靠尺较正龙骨的垂直误差为 ±2mm，至三维调正为止。
④复核直径，按放线方法进行校对。
⑤满焊角码与埋件接触位，要求焊高 6～8mm，线条流畅，不允许有气泡和夹渣。
⑥去渣除锈、二遍防锈漆涂层。

横梁安装

①按施工图纸分格画出横梁位置轴线。
②将角码按标识线位焊接固定。
③把横梁放置于两角码间，微调至进出位与立挺表面在一个平面上。
④较正水平度与进出位置。
⑤满焊。
⑥去渣除锈二遍防锈漆涂层。

挂板

以横平竖直原则标识立挺与横梁中心轴线，按设计缝调整弯铝单板，将整个单元柱子包完，再作整体校正，保证上下分格、垂直与平整度误差在 2mm，将所有螺钉补齐。

打胶与清洁

将铝板保护膜折边部分撕开,按90°转角折边处贴上美纹纸。美纹纸在"+"字缝处应折成90°转角,整个板块美纹纸一次到位,用力扫平,避免美纹纸折皱。

中庭

空间简介

中庭是商业环境中的开放空间,是非营业性的,是联动各层商业之间的互动、引进各种文化主题的艺术共享空间,同时也作为室内人流交通枢纽。中庭空间起到交通疏散、环境景观、信息交换等作用。大部分商业综合体的中庭直通顶面的玻璃顶棚,自然光在此处与室内环境形成融合。

中庭

设计采用弧线为设计元素，恰到好处的挑空比例能够很好地提升商业的气氛。利用自动扶梯在中庭中的垂直交通作用，产生变化的空间效果，引发顾客的好奇心与购买欲望，使购物流线更丰富多样化。栏杆以钢化玻璃扶手为主。柱子与栏杆的交界面，设计师采用了顶棚跌级做法，巧妙地区分开两个不同的装饰面，增加装饰细节。

材料

银灰色铝板、拉丝不锈钢、钢化夹胶玻璃、塑膜玻璃。

技术难点、重点及创新点

中庭空间的钢化玻璃栏杆施工是本空间施工的技术难点、重点，栏杆造型复杂，应注意不同材质的拼接及收口方式。

施工工艺

施工准备

①对施工图纸和相关的设计要求、施工规范，进场解析。
②根据现场整体弧形寻找不规则中的规律，对斜面异形进行开模加工。
③中庭高度较高，施工作业需要搭设脚手架，编制提交脚手架组织方案及图纸，

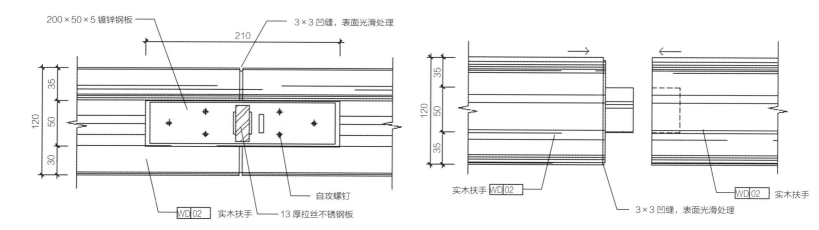

栏杆扶手节点

按施工计划进行拆除日期的确定，避免出现二次搭设脚手架的工作。

④考虑楼层间交接处的材料收口工艺。

⑤栏杆扶手玻璃的固定方式是否具有安全性，是否有高空坠物的风险。

⑥准备 18mm 夹板、9.5mm 石膏板、50 系列主龙骨、副龙骨、Φ8 吊杆、内装腻子粉、PVC 护角条、∟40 角钢、铝板挂件、密封胶、泡沫胶条等基层材料。

施工流程

工程流程：基层处理→安装预埋件→放线→安装立柱→扶手与立柱连接→打磨抛光。

基层处理	①预埋件设计标高、位置、数量须符合设计及安装要求，并经防腐防锈处理。埋件不符要求时，应及时采取有效措施，增补埋件。 ②安装栏杆立杆的部位，基层混凝土不得有酥松现象，并且安装标高应符合设计要求，凹凸不平处必须剔除或修补平整，过凹处及基层蜂窝麻面严重处，不得用水泥砂浆修补，应用高强混凝土进行修补，待有一定强度后，方可进行栏杆安装。
安装预埋件（后加埋件）	栏杆预埋件的安装只能采用后加埋件做法，其做法是采用膨胀螺栓与钢板来制作后置连接件，先在土建基层上放线，确定立柱固定点的位置，然后在楼梯地面上用冲击钻钻孔，再安装膨胀螺栓，螺栓保持足够的长度，在螺栓定位以后，将螺栓拧紧同时将螺母与螺杆间焊死，防止螺母与钢板松动。扶手与墙体面的连接也同样采取上述方法。
放线	由于上述后加埋件施工，有可能产生误差，因此，在立柱安装之前，应重新放线，以确定埋板位置与焊接立杆的准确性，如有偏差，及时修正。应保证不锈钢立柱全部落在钢板上，并且四周能够焊接。
安装立柱	焊接立柱时，需双人配合，一人扶住紫铜管使其保持垂直，在焊接时不能晃动，另一人施焊，要四周施焊，并应符合焊接规范。
镶配	12mm 钢化玻璃等栏板，其栏板应在立杆完成后安装。安装必须牢固，且垂直、水平及斜度应符合设计要求。安装时，将栏板镶嵌于两侧立杆的槽内，槽与栏板两侧缝隙应用硬质橡胶条块嵌填牢固，待扶手安装完毕后，用密封胶嵌实。扶手焊接安装时，栏板应用防火石棉布等遮盖防护，以免焊接火花飞溅损坏栏板。
扶手安装	①找位与画线。安装扶手的固定件：位置、标高、坡度找位校正后，弹出扶手纵向中心线。按设计扶手构造，根据折弯位置、角度，画出折弯或割角线。栏板和栏杆顶面，画出扶手直线段与弯头、折弯段的起点和终点的位置。 ②**立柱的安装**。立柱在安装前，通过拉长线放线，根据楼梯的倾斜角度及所用扶手的圆度，在其上端加工出凹槽。然后把扶手直接放入立柱凹槽中，从一端向另一端顺次安装，相邻扶手安装对接准确，接缝严密。相邻管段对接好后，采用专用榫头连接。

自动扶梯

空间简介

自动扶手电梯是顾客进行垂直交通，观赏商场的重要交通设备，设计采用镜面不锈钢饰面，扶梯下方设计了透光膜内藏灯光做法，米白色灯光透过扶梯下方，形成了商场的一个视觉特色。镜面不锈钢增加了过道空间的通透感。

材料

银灰色铝板、成品不锈钢、透光软膜。

技术重点、难点及创新点

扶梯底部的发光面板是施工的重点，运用A级防火的透光软膜，内置T5灯光，中间由银灰色铝板收口。

自动扶梯饰面施工工艺

施工准备

①对施工图纸和相关的设计要求、施工规范，进场解析。
②结合扶手电梯实际尺寸及焊接点，根据图纸进行二次深化。
③对玫瑰金不锈钢进场排版下单。
④亚克力透光片估算下单。
⑤准备龙骨、亚克力卡条、∟40角钢、不锈钢挂件、玻璃胶等基层材料。

自动扶梯

施工流程

①玫瑰金不锈钢基层钢架焊接，并安装不锈钢挂件。

②以不锈钢钢架为基层，安装亚克力卡条。

③根据现场尺寸安装玫瑰金不锈钢饰面。

④安装扶手天梯下方灯具。以亚克力透光片饰面，固定于亚克力卡条。

施工要点

①扶手电梯为斜面上升，对玫瑰金不锈钢的下单尺寸是否符合现场尺寸要求较高，接口处可以开模加工。

②亚克力发光片在扶手电梯下方，维修难度高、风险大，为避免后期亚克力变形变色，其厚度不低于 5mm。

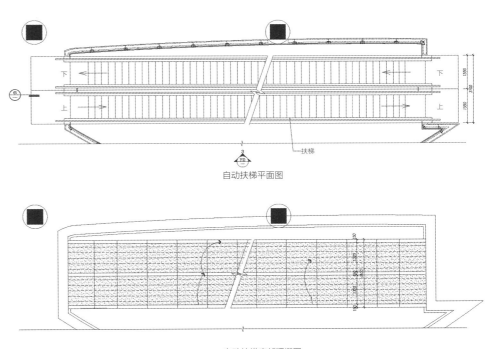

自动扶梯平面图

自动扶梯底部顶棚图

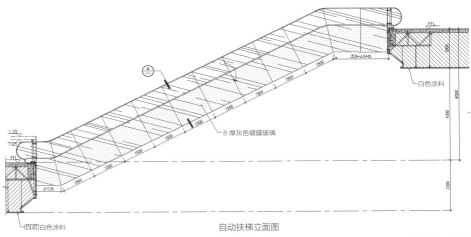

自动扶梯立面图

自动扶梯设计图

广州市大佛寺佛教文化大楼室内装饰工程

项目地点
广东省广州市越秀区惠福东路惠新中街 21 号

工程规模
工程造价约 4000 万元，施工面积 20000m²

建设单位
广州大佛寺

设计单位
深圳瑞和建筑装饰股份有限公司

开竣工时间
2014 年 1 月至 2016 年 1 月

获奖情况
荣获 2017—2018 年度中国建筑工程装饰奖

社会评价及使用效果
广州大佛寺始建于南汉（公元 917—971 年），名新藏寺，为南汉王刘龑上应天上二十八宿而建。明代扩建为龙藏寺，后改为巡按公署。清顺治元年（1643 年）公署毁于火灾。平南王尚可喜于康熙二年（1662 年）春，自捐王俸，仿京师官庙制式，兼具岭南地方风格重建殿宇，具有较高的历史文物与文化艺术观赏价值

外景

夜景

过厅 1

过厅 2

艺术装饰

木雕艺术

设计特点

大佛古寺殿宇仿京师官庙制式，兼具岭南地方风格。具有较高的文化艺术观赏价值。大雄宝殿坐北向南，面阔七间，深进五间，建筑面积达 1200m^2，至今仍为岭南之冠。歇山顶上盖素胎板，筒瓦及勾头滴水。灰塑瓦脊以竹龙、牡丹等装饰。虽历经 300 多年风雨侵蚀，但风貌尚存。安南（今越南）王捐赠的优质木材作梁柱框架，至今亦基本完好。另外还有头门、钟楼、鼓楼、天王殿、廊庑、香积厨等大小殿堂、房舍都显得清净朴素，宏伟庄严。

空间介绍

禅修堂

简介

禅修堂位于五层的中央，两侧是电梯厅，居整个楼层的交通枢纽位置。禅修堂是僧人进行禅修的场所。顶棚的设计灵感来源于中国古典建筑中槛窗的方格造型，中间的部分灵感源于佛教的莲花纹，加之灯光的烘托，营造出寺庙建筑独有的神秘庄重。柱子沿用中国传统建筑的造型，采用柱身加柱础的组合形式，古代为避免潮湿腐蚀而做的造型，沿用至今成为了建筑柱子的设计方法。色彩上遵循"朱柱素壁"的搭配方式，以木色为重点色，素白色为辅助色，体现"四大皆空"的戒律思想。家具选用传统明清家具的造型，加上深色软垫，打造沉稳平静的空间氛围。

材料

金丝楠木、黑檀木、沙比利、黑胡桃、樱桃木、西班牙米黄石材、不锈钢烤漆木色、黑钢、瓷砖。

技术难点、重点

禅修堂内的顶棚是异形，设计理念有创新和延伸，为保证完工后符合整体设计要求，异形顶棚施工、安装、拼接作为该项目重点。

禅修堂

施工工艺

施工准备

①熟悉现场情况、施工图纸和相关的设计要求、施工规范。

②红木格栅符合现场实际尺寸、下单排板。

③准备9mm夹板、9.5mm石膏板、内装腻子粉、护角条、胶水、75系列轻钢龙骨、50系列主龙骨、副龙骨、Φ8吊杆等基层材料。

施工流程

基层处理→测量放线→安装吊筋→安装主龙骨→安装副龙骨→安装横撑龙骨→安装石膏板→处理缝隙→涂料基层→涂料施工→安装红木格栅饰面→清理验收→成品保护。

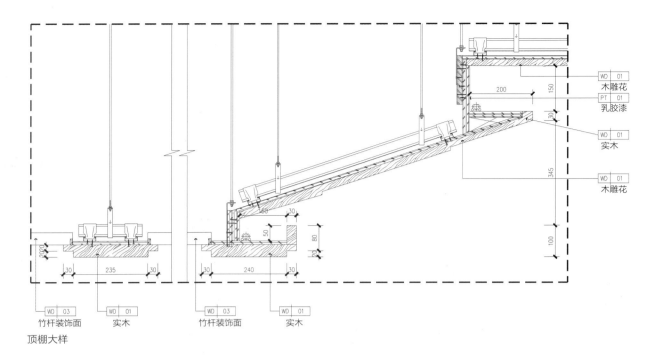

顶棚大样

施工要点

①木制品基层做三防处理（防虫、防腐、防火）时要严格刷到每一个角落，不应露底。

②由于成品木制品为厂家加工，有不可更改性，故收边碰角严格按图纸节点施工，避免出现切边漏缝情况。

③为了保护成品，红木格栅饰面安装须在顶棚管道、试水等一切工序全部验收后进行。

④木线条安装后，极易出现开裂现象，为解决此类问题。在线条加工时原材料烘干过程中严格控制木材的含水率在 8%～12%，线条加工后，在线条表面现涂刷一层木蜡油进行封闭处理，然后再进行油漆涂刷。木线条安装工程中，在转角处进行 45°斜角拼接，并在背光面预留 1mm 的收缩缝。线条平面采取错位搭接的方式进行连接。通过以上措施，不仅解决了木线条后期变形和开裂的问题，同时也保证了产品质量。

图书馆

空间简介

图书馆位于大佛寺的四层右侧，与艺术展区共用电梯，是相对安静的区域。图书馆包括藏书区、阅览区、电子查阅区、服务台及茶水间和卫生间等功能区域。是供僧人借阅图书及外来修行者阅读、购买书籍的场所。图书馆的设计理念源于古典的"藏经阁"，以现代化的手段进行重新设计。顶棚沿用古典的窗格造型，辅助倾斜的木格栅，加红木饰面的装饰线条，延伸空间高度，营造崇高的现代庙宇。柱子及书架选用红木饰面，红色在佛教中象征生命力和创造性，因此整体设计都以红色为主题。空间灯光氛围偏暖色，象征着光明。

材料

金丝楠木、黑檀木、沙比利、黑胡桃、樱桃木、包柱基座石材、彩绘砖、仿古砖。

技术难点、重点及创新点

图书室的施工难点是柱子的工艺，柱础运用鎏金灰石材做浅浮雕及雕刻图案，石材干挂基础上运用实木造型线条与石材拼接。柱身运用灰镜打底，镂空实木花格。

图书馆

施工工艺

施工准备

①熟悉现场情况、施工图纸和相关的设计要求、施工规范。
②复核现场实际尺寸，对实木线条、实木板、实木花格、茶镜、石材，进行排版下单。
③准备 15mm 夹板、5mm 灰镜、40mm×60mm 木方、膨胀螺栓、∟40 镀锌角钢、T 形挂马等基层材料。

施工流程

基层清理→放样弹线→石材干挂件/木龙骨安装→钢骨架焊制安装→15 mm 基层板安装→固定石材→5 mm 灰镜安装→实木花格安装→清理验收→成品保护。

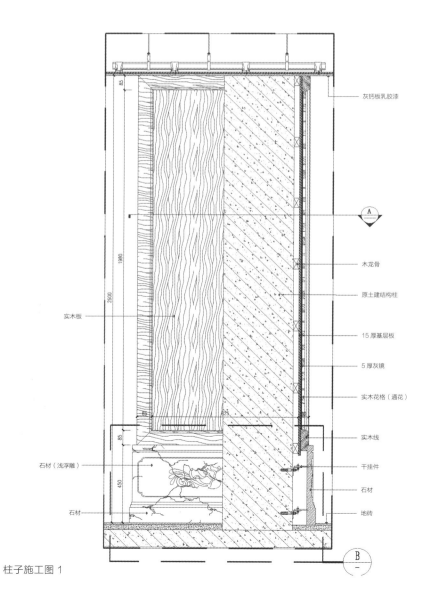

柱子施工图 1

施工要点

①石材浮雕是极具艺术性的图案，需按现场实际尺寸调整，现场无法加工切割。

②木制品、石材、玻璃三种材料的巧妙搭配，收口必须要控制在阴角。

③实木线与石材相交部位以企口的方式相接，可有效避免石材与实木线接触产生的间隙大、石材爆边、交叉污染等收口问题。

④由于成品木制品为厂家加工，避免线条边角磕碰损坏。

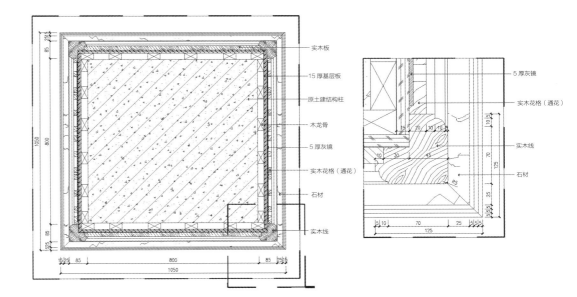

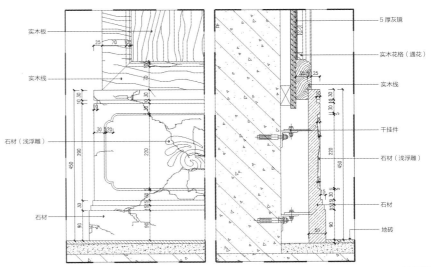

柱子施工图 2

素食阁包厢

素食阁包厢

空间简介

素食阁包房是为有意愿食素食的人提供的日常用餐及宴请的餐饮空间。顶棚设计裸露的梁结构，运用樱桃木做的顶棚形式，辅助简洁造型灯池，营造温馨的就餐氛围。墙面背景运用传统雕刻工艺，方圆结合、和谐统一，装饰画选择了梅花的主题，意图表达高洁傲骨的情怀。辅助木格栅屏风，体现了中式空间的含蓄。地面运用樱桃木实木地板、金丝白玉石材做波导线，餐桌是金丝楠木圆桌，餐椅是官帽椅，采用中国传统的设计元素，在材质运用上选择多样。

材料

翡翠白玉石材、金丝白玉石材、金蓝玉石材、雪莉米黄石材、金丝楠木、黑檀木、沙比利、黑胡桃木、樱桃木、墙纸。

房顶处理

禅修室

技术难点、重点及创新点

①墙面壁纸、格栅吊顶、木饰面等木材的树种、规格、等级、含水率和防腐处理。

②地面实木地板的铺贴处理及两侧木饰面与石材交接处理方式。

③整体选用木质材料较多，相应对材料的防火等级及防火处理要求较高。

木地板施工工艺流程

基层龙骨安装→隐蔽验收→夹板安装→木地板铺贴→刨平→打磨→油漆打蜡。

施工要点

①按指定标高进行地面找平，清理干净。地面须干燥，严禁将需铺设地板的地面弄湿。

②木龙骨木针、木楔进行防腐、防火、防霉、防虫处理。

③木龙骨应为开口龙骨，开口间距不大于300mm，以燕尾槽为宜。

④刨削调整平整度时一次不得刨得过深，刨削深度不宜大于0.5mm，并无刨痕，同时要注意木质地板的木纹方向。刨平后，进行清理，检查，及时做好成品保护。

深圳曼彻斯通城堡学校室内精装饰工程

项目地点
广东省深圳市龙华区大浪街道深圳曼彻斯通城堡学校

工程规模
工程造价约4200万元,建筑面积5万平方米

建设单位
中欧逸尚文化发展(深圳)有限公司

设计单位
深圳瑞和建筑装饰股份有限公司

开竣工时间
2018年1月至8月

社会评价及使用效果
深圳曼彻斯通城堡学校是深圳第一所提供纯正英式教育和寄宿管理体系的国际学校,也是拥有超过185年历史的英国顶级私立学校——曼彻斯通城堡学校的首家海外分校。学校聚集了爱丁堡曼彻斯通城堡学校近2个世纪的教学理念与积累,来自英国的教育专家与设计专家团队,以及国内教育、设计、艺术顶尖团队等优势资源

外观

设计特点

深圳曼彻斯通城堡学校将现代融入传统，东方与西方相融合，以科学使用空间、简洁高雅、绿色环保、舒适温馨为设计主旨，同时结合英式与中式元素为原则，对校园进行建筑设计与规划，为朝气蓬勃的深圳完美呈现出具有悠久传统的英式风范。完善齐备的教学、生活及运动空间，让孩子拥有精彩丰富的校园生活之余，更为师生营造优美雅致的学术氛围。

校园内部

空间介绍

中庭

简介

曼彻斯通学校是与英国联合办学,因此从功能和装饰设计上都有很浓重的英伦味道。开放式的布局给孩子们足够的自由空间。整体色调以白色为主,顶棚采光条件良好。一层的读书休闲区运用原木色,搭配海军蓝色的软垫。主背景墙是学校的校徽,每一层的墙面都搭配了绿植,增添了活力。地面是几何图形的图案,有益于开发儿童的大脑。

教学楼中庭

材料

瓷砖、格栅、木饰面、乳胶漆、木地板。

技术难点、重点及创新点

空间采用了大量的成品格栅吊顶以增加空间的通透性，上下楼梯采用钢楼梯以节约空间，钢楼梯施工是本空间的施工重点和难点。

钢楼梯施工工艺

工艺流程：放样→号料→平直→焊接→成品矫正→防腐→运输→吊装。

材料的质量检查和基本要求：

①按要求进行备料，在检查验收钢材时，看表面是否光滑平整，不得有气泡、结疤、夹层、裂纹等缺陷。

②钢型材、板材：应符合设计的要求，并具备质量证明书，用于承重结构的冷弯薄壁钢带或钢板，宜采用3号钢和16Mn钢。

③连接材料（包括焊条）、防腐、防火材料：应与主材相匹配，并符合设计要求和具有质量证明书。

④隐蔽部位钢结构用角钢、槽钢、方管，应用热镀锌、特殊项目表面应涂富锌底漆两遍处理。

加工制作前，要先号料，号料时须注意以下几点：

①根据配料表和样板进行套料，尽可能节约材料。

②应有利于切割和保证零件质量。

③当工艺有规定时，应按规定的方向取料。

号料允许偏差，零件外形尺寸 ±1.0mm，孔距 ±0.5mm。

根据钢材型号，采用手工电弧焊接形式，进行各种位置的焊接：

①焊接时应先单肢拼配焊接矫正，然后进行大拼装，支座、与钢柱连接的节点板等，应先小件组焊，矫正后再定位大拼装。

②对口错边不大于 3.0mm，间隙 ±1.0mm，搭接长度 ±5.0mm，缝隙 1.5mm，高度 ±2.0mm，垂直度不大于 2.0mm，中心偏移 ±2.0mm。

钢梯的外形尺寸允许偏差：

长度和宽度 ±5.0mm，两对角线差 6.0mm，表平面度（1mm 范围内）6.0mm，梯梁长度 ±5.0mm，钢梯宽度 ±5.0mm，钢梯安装孔距离 ±3.0mm。

构件的各项技术数据经检验合格后，对加工过程中造成的焊疤凹坑应予以补焊并铲磨平整，对临时支撑、夹具应予割除，铲磨后零件表面的缺陷深度不得大于材料厚度负偏差值的 1/2，对于吊车梁的受拉翼缘尤其应注意其光滑过渡。

砂轮打磨：

用手提式电动砂轮进行打磨，打磨范围不应小于螺栓孔径的 4 倍，打磨方向应与构件受力方向垂直。砂轮打磨时注意不要在钢材表面磨出明显的凹痕，处理好的摩擦面严禁有飞边、毛刺、焊疤和污损等，不得涂油漆，在运输过程中防止摩擦面损伤。

在涂层之前进行防锈处理，刷漆进行防腐处理，涂装应均匀，无明显起皱、流挂，附着应良好，安装焊缝处应留出 30～50mm 暂不涂装，涂装完毕后，应在构件上标注构件的原编号，标明重量、重心位置和定位标记。

成品验收后，成品堆放应防止失散和变形。

①堆放场地平整干燥，有足够的垫木、垫块，使成品得以放平、放稳。

②侧向刚度较大时可水平堆放，当有多层叠放时，必须使各层垫木在同一垂线上。

③分类堆放在同一区域，以便运输。

根据卷扬机及现场实际情况楼梯将分段组合、分段吊装。

用卷扬机先将柱子吊装就位（安装柱时，每节柱的定位轴线应从地面直接引上，不得从下层柱的轴线引上），然后将平台、防护栏吊装就位，起吊过程中要注意安全。

根据卷扬机的最大工作能力，先将楼梯小段组合，然后将其逐一吊装就位。

楼梯的外形和几何尺寸正确，可以保证结构安装顺利进行，为此吊装前应根据《钢结工程施工质量验收规范》GB 50205—2001 中有关的规定，仔细检验钢构件的外形和几何尺寸，有超出规定的偏差，在吊装前设法消除。

现场吊装应根据预检数据采取相应措施，以保证吊装顺利进行。

礼堂

空间简介

礼堂是学校举行典礼等重要事项的场所。大量地运用了原木色木饰面，主席台面、背景墙及二楼的墙面都是用木饰面装饰。原木色木饰面的优点在于能够表现木材原有的纹理，且气氛足够温馨。空间的墙面及柱子都是乳胶漆处理，拐角处做了

礼堂

弧形。礼堂的顶棚是白色乳胶漆搭配金属格栅，明装射灯。家具选择仍然是经典的海军蓝色，与木饰面搭配。

材料

地面木地板，墙面原木色木饰面、壁纸装饰，局部玻璃，顶棚格栅吊顶，局部石膏板吊顶，铁艺栏杆。

技术难点、重点及创新点分析

本空间顶棚成品格栅的处理方式、墙面木饰面的安装、地面木地板的安装、铁艺栏杆的施工工艺是施工技术重点和难点，施工前需要做好节点深化、放线放样及技术交底工作。

铁艺栏杆安装工艺

技术准备	施工前由技术负责人主持对各项施工负责人进行施工方案技术交底，并由专业人员施工队长编写安全技术交底，对施工人员进行培训及现场作业指导。
材料准备	根据施工图纸和设计要求，采购工程所需各种原材料。确定材料符合图纸设计要求无误后，栏杆才得进入加工车间加工制作，确保不合格材料不得使用。
制作工艺	①各项栏杆按照图纸设计要求并根据图纸所示图样和现场实际规格尺寸制作。 ②防护栏杆需现场制作安装，材料进入现场制作安装之前做防锈漆两遍，制作过程中，定位尺寸要准确，该切斜角、该磨口的地方，保证角度拼装准确精细。进行拼装时，焊接部位要焊平，对接部位要严密，保证平整度横平竖直。焊接部位的焊口必须满焊，做到焊口无断缝，无沙眼，焊口要打磨光滑，平整度达标。木扶手进入加工车间后抛光磨平，在确保施工现场无污染情况下进入现场安装。 ③栏杆加工为半成品后进行喷砂除锈达到无锈无痕再进入喷塑车间上粉，上粉时保证粉末厚度均匀，然后进入烘烤箱。由专业静电喷塑技术人员进行全方位检查，无误后，180～200℃高温烘烤2h。制作完成后检验员根据图纸要求进行检验，成品要求表面光滑清洁度强，整体效果美观大方。用塑料包装纸进行整体包装，以免运输及安装过程中擦伤损坏。

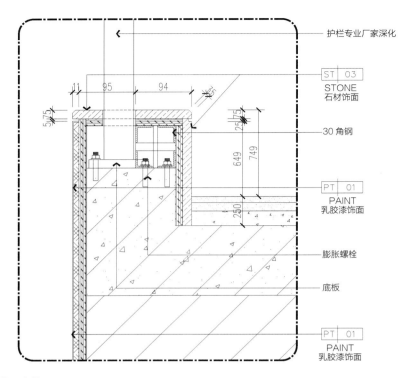

栏杆与石材收口大样图

预埋件及铁艺栏杆安装

水平安装 防护栏杆均按照现场测量放线提供的标准线为栏杆安装水平标准。
工　艺

安装工艺 ①产品到达施工现场后按图纸上所规定的位置及尺寸准确安装就位，确定好标高及垂直平整度。应按照设计要求进行定位，确保达到设计要求与验收规范。
②预埋件安装根据图纸设计要求和施工现场的实际情况准确无误地定位，避免造成不在一条平行线上。
③按室内栏杆所要求的标准线水平定位后安装，预埋间距根据图纸设计要求安装定位。
④安装偏差必须符合国家规定和设计要求，达到验收标准。
⑤预埋件、铁艺栏杆安装必须牢固，安装偏差根据国家规定和设计要求：扶手直线度小于3mm，垂直度小于3mm，栏杆间距误差小于3mm，对角线误差小于3mm，预埋件垂直误差小于3mm，水平误差小于3mm。

	⑥预埋件安装定位准确无误，经验收后刷两道防锈漆，再进行铁艺栏杆安装。 ⑦防护栏杆安装完成后，连接部位打磨光滑，刷两道防锈漆，经验收后再做表面一致处理。 ⑧栏杆安装运输过程中，为防止栏杆的擦伤损坏，应做包装防护。
技术质量 保证措施	①材料要求，所有材料及成品进场，必须有材质量保证单、合格证。 ②施工人员上岗前，根据其不同工作岗位，进行专业技术与安全文明施工的教育。 ③在施工过程中由技术人员进行检查，及时纠正施工现场违章操作等问题，提出质量更改单及质量问题更改措施，保证工程质量达到设计要求及验收规范。 ④严格执行工程质量标准，材料的品种、规格、型号、厚度必须符合工程和设计要求，焊口满焊，打磨光滑平整。喷塑做到无泪点，光亮度强，表面清洁干净，做到上表美观，制作尺寸准确，产品做到横平竖直，符合设计要求及验收标准。
安全、环保、 文明施工	①施工人员必须严格执行现场安全生产规章制度。 ②施工人员进入现场要戴好安全帽，系好安全带，焊接人员必须穿好绝缘鞋。 ③施工前必须进行安全技术交底，不违章作业，服从安全人员指挥。 ④爱护一切安全设施和用具，做到正确使用不随便拆改。 ⑤进入施工现场穿戴好个人防护用品并正确使用，严格遵守操作规程和一切安全规章制度。 ⑥施工现场材料应堆放整齐，对每天施工剩下的边角料进行整理、清扫，做到工完料净场地清。 ⑦对施工区域、危险区域设立醒目的警示标志，并采取保护措施。 ⑧焊接时要设有专人看护，备好消防器材，焊接结束即刻查看现场，确定无隐患后，方可撤离现场。 ⑨工地禁止吸烟和未经批准的明火作业，明火作业应开动火证。 ⑩采取各种有效措施，降低施工过程中产生的噪声，努力做到施工不扰民。
成品保护 措　　施	①不得在已安装完成的护栏上涂抹砂浆及挂放杂物。 ②为防污染，在交叉作业过程中，成品护栏须盖上保护膜。 ③已安装好的护栏再进行一次表面清理，修补划痕，确保表面光滑洁净。

中学教室

空间简介

从布局上就可以看出是很自由的小班式课程,学生的书桌也是小组形式的围坐方式。地面选择亚光地面漆,墙面白色乳胶漆,三面的墙面都是玻璃幕墙。看似简洁的空间,却充满了自由开放的气息。书桌椅也是选择较为舒适的造型,颜色鲜艳有活力。

材料

地坪漆、格栅、乳胶漆、玻璃。

技术难点、重点及创新点

本空间格栅吊顶与局部石膏板吊顶的收口处理,地面地坪漆的施工工艺是需要重点关注的施工难点和重点,需要加强施工前的技术交底工作。

地面漆施工工艺

地坪表面的处理

①新完成的地坪必须经过一定的养护后方可施工,约28d。
②清除表面的水泥浮浆、旧漆以及粘附的垃圾杂物。
③彻底清除表面的油污,用清洗剂处理。
④清除积水,并使潮湿处彻底干燥。
⑤表面的清洁需用无尘清扫机及大型吸尘器来完成。
⑥平整的表面允许空隙为 2 ~ 2.5mm,含水量在 6% 以下,pH 值 6 ~ 8。
⑦地坪表面的打毛,需用无尘打磨机来完成,并用吸尘器彻底清洁。
⑧对地坪表面的洞孔和明显凹陷处应用腻子来填补批刮,实干后,打磨吸尘。

涂饰强渗封闭涂料

①在处理清洁、平整的混凝土表面,采用高压无气喷涂或辊涂环氧封闭底涂料1道。
②环氧封闭漆有很强的渗透性,在涂刷底漆时应加入一定量的稀释剂,使稀释后的底漆能渗入基层内部,增强涂层和基层的附着力,其涂布必须连续,不得间断,

中学教室

中学宿舍

涂布量以表面刚好饱和为准。

③局部漏涂可用刷子补涂,表面多余的底漆必须在下道工序施工前打磨处理好。

批刮批刮料

在实干(25℃,约4h)以后的底漆表面采用两道批刮腻子的方法,以确保地坪的耐磨损、耐压性,耐碰撞、水、矿物油、酸碱溶液等性能,并调整地面平整度。

①用70~140目的石英砂和无溶剂环氧批刮料,作为第一道腻子,要充分搅拌均匀,刮平。此道主要用于增强地面的耐磨及抗压性能。

②用沙袋式无尘滚动磨砂机打磨第一道腻子,并吸尘清洁。

③用200～700目的石英砂和无溶剂环氧批刮料，作为第二道腻子，要充分搅拌均匀。此道主要用于增强地面的耐磨及平整度。
④用沙袋式无尘滚动磨机打磨第三道腻子，并吸尘清洁。
⑤两道腻子实干以后，如有麻面、裂缝应先进行修补，然后用平板砂光机进行打磨，使其平整，并吸尘清洁。
⑥石英砂使用的目数由现场工程师根据地面具体情况确定。

涂饰地坪中间层

在打磨、清洁后的腻子表面上(20℃，24h)涂饰中间层。
①涂饰方法可用刷涂、批刮、高压无空气喷涂，大面积施工以高压无空气喷涂为最佳（喷涂压力为20～25MPa）。
②此遍可使地面更趋于平整，更便于发现地面仍存在的缺陷，以便面层施工找平。
③此遍还方便甲方对设备安装等的安排。

涂饰地坪面层

①在中间层实干(20℃，7d)后，进行环氧无溶剂地坪面层涂装，涂装方法用批刮和高压无空气喷涂，但以高压无空气喷涂为宜。
②涂装前应对于中间层用沙袋式无尘滚动磨砂机进行打磨、吸尘。
③如在中间层实干后，由于其他工序施工造成地面形成新的缺陷，应用批刮料找平、打磨，并吸尘、清洁。
④面层喷涂后，如存在气泡现象应用消泡滚筒，在地坪上来回滚动，最后让其自行流平即可。

施工注意事项

①施工现场的环境温度应高于5℃，相对湿度小于85%时方能施工。
②施工者应做好施工部位、时间、温度、相对湿度、地坪表面处理、材料实际等记录，以备查考。
③涂料施工后，应立即清洗有关设备和工具。

安全技术要求

①施工场地四周应拉好警戒带和挂好警告牌。

②施工场地四周 10m 内严禁明火作业，严禁吸烟。
③使用高压无气喷涂泵应接妥地线。
④涂料和稀释剂应放在通风良好的库房内。
⑤工作时注意做好个人防护。
⑥电动工具的使用须有专人负责，做完离场前须切断电源。

使用和保养

①当该涂料施工完毕后，在保养期内切勿使用，并须加强通风设备及防火措施。
②地坪使用，生产人员不准穿有铁钉的皮鞋在上面行走。
③一切工作器具都须有固定专用车架安放，严禁带有锐角的金属零件等物件碰撞地面，造成地面涂料损坏。
④在场地内进行其他工序施工时，在接触地面的支撑点应有厚橡皮等软材料垫妥，严禁用铁管等金属在地面上接拖设备。
⑤场地内进行电焊等高温作业时，在电焊火花飞溅到的地方应用石棉布等耐火材料铺垫好，以防烧坏涂料。
⑥一旦地坪有损坏，及时使用涂料修补，以免油污通过损坏处渗透到水泥里，造成大面积涂料脱落。
⑦场地内需要清洗地面时，不要用强化学溶剂（甲苯、香蕉水等）一般使用洗涤剂、肥皂液、清水等，用清洗机进行，在没有清洗机的情况下，可用锯木粉撒上后再清扫干净。
⑧冬季施工，环境温度低于 5℃，可采用冬用型无溶剂环氧工业地坪涂料。

小学教室

设计

小学教室安排在较低的楼层，考虑到生理上的需求和便利。不同于传统教室的高挑空，裸露顶棚，有一些 loft 厂房的感觉。墙面白色乳胶漆，地面原木色地板。仍然是有整面的玻璃，可以看到外面的风景。教室各样设施丰富，配备大型玩具，培养兴趣的读书角，供孩子玩耍的活动地毯，都足以体现对孩子多方面培养的目标。在这样的空间中，便于更好地启发孩子的思维。

材料

木地板、乳胶漆、玻璃、金属网、石膏板。

小学教室

技术难点、重点及创新点

本空间由于面积较大，木地板安装的防起拱是质量控制的技术难点、重点。施工过程中需注意伸缩缝的预留位置和尺寸以及收口处理。

木地板安装施工工艺

①地板安装必须安排在所有装修工程的最后阶段，以免其他施工环节损伤地板漆面。

②施工单位进场后，按 1m 线复核建筑地坪平整度；地板基层铺饰前，须放线定位。

③楼板基层面必须平整、干燥、施工时应先在地面上撒上防虫粉，再铺垫上一层防潮膜（接口须互叠并用透明胶粘住，以防水汽渗入）。

④找平垫块的夹板必须干燥，含水率小于等于当地平均湿度。找平垫块不小于 100mm×100mm，间距中心为 300mm×300mm。先在建筑地面铺塑料防潮薄膜，垫块用水泥钢钉四角固定。

⑤ 18 厘防水基层板背面满涂三防涂料（防霉、防虫、防潮），规格为 600mm×1200mm 作 45°（于地板铺贴形成 45°）工字法斜铺于找平垫块上，用美固钉固定（夹板之间应留有 5mm 的间隙）。

⑥完成基层板铺装后，清理干净。伸缩缝处粘贴包装胶带纸封闭，彩条塑料布满铺，周边木条固定保护。

⑦基层板铺饰完成后须监理、业主工程师验收合格确认签证后方能进入下一道施工工序，基层夹板须检查牢度和平整度，如果踩踏有响声，须局部采用美固钉加固。

⑧地板安装前应将原包装地板先行放置在需要安装的房子里 24h 以上，地板不要开箱，使地板更适应安装环境。地板需水平放置，不宜竖立或斜放。

⑨地板铺装前，拆除基层彩条保护，清扫干净。铺装珍珠防潮薄膜。薄膜拼接处用胶带纸粘贴，达到双重保护，以杜绝水分浸入。

⑩地板铺装时，地板与四周墙壁间隔 10mm 左右的预留缝，地板之间接口处可用专用防水地板胶或直钉固定。

⑪所有地板拼接时应纵向错位（工字法）进行铺装。

⑫由于木地板产品为天然材质加工而成，色泽纹理均有差异，铺装时应当调整，以求效果更自然、美观。

⑬每一片地板拼接后，用木槌和木条轻敲，以使每片地板公母榫企口密合。接口处不密封易导致防潮性不够等后遗症。

⑭在铺钉时，钉子要与表面呈一定角度，一般常用 45°或 60°斜钉入内。

⑮如果铺装完成后，室内的窗帘如未安装，须采用遮光措施，避免阳光直射造成漆面变黄。

舞蹈教室

空间简介

舞蹈教室对于地面的要求是最高的，因此地面选择原木色实木地板。墙面安装整面的镜子，满足功能需求。墙面做的格栅造型的木饰面，顶棚同样也是木饰面格栅，设计元素统一，有利于使用者的视觉舒适度。顶棚石膏板吊顶与木饰面格栅做了曲线造型，木饰面的灯具选择是大小不一跳动排列的圆形，搭配随造型排列的点状筒灯光源，以呼应这一教室的功能。

材料

木地板、铝格栅、木饰面、石膏板。

技术难点、重点及创新点

本空间顶棚成品格栅吊顶与石膏板收口的处理方式以及墙面造型木饰面安装是质量控制的技术难点、重点及创新点，施工过程中需重点加强节点深化及技术交底工作。

铝格栅顶棚吊顶施工工艺

工艺流程

舞蹈教室

施工方法

弹　　　　线	根据楼层标高水平线，根据设计标高，沿墙上四周弹出顶棚标高水平控制线和龙骨分档控制线。注意是否与水电的标高相矛盾，如有相矛盾的地方及时解决。
安 装 吊 筋	在弹好顶棚标高水平线后，确定吊杆下端头的标高，将吊杆的上部与预埋钢筋焊接或者用角钢一边打孔用膨胀螺栓固定到结构顶板内，一边与吊杆 Φ10 镀锌钢丝焊接牢固。吊好钢丝后，将钢丝穿入调节弹簧片内。弹簧片要求为镀锌的。吊杆的纵横间距 1200mm 左右。
棚内管线布置、校正、刷漆	将顶棚内水电管道安装校正后，在结构顶棚及管道上涂刷 1～2 遍黑色涂料。
预 装 格 栅	将规格的格栅顶棚条（110mm×110mm）在地下先分开，按照其规格进行预装成组，注意地面要平整、干净，检查格栅的拼接平整度和接口牢固。
吊 装 格 栅	将预装好的每组格栅顶棚，装在直径 Φ4 镀锌钢丝吊钩上，将吊钩一端穿进主骨孔内，一端固定在弹簧片上。每组格栅通过专用连接件将每一根格栅条连起来。
调　　　　平	将整栅顶棚连接后，在格栅的底部按照墙面上的控制线拉线调直，并通过调节弹簧片调整至要求水平即可。
安 装 边 龙 骨	按照吊顶标高线在墙四周预埋防腐木楔并用水泥钉固定 25mm×25mm 边龙骨，固定间距不大于 400mm，边龙骨阴阳角交接处拼角成 45°。要求边龙骨要固定牢固。

施工时注意的质量问题

吊 顶 不 平	①原因分析。水平线控制不好，是吊顶不平的主要原因。主要是两方面：一是放线时控制不好；二是龙骨未拉线调平。安装、连接格栅板的方法不妥，也易使吊顶不平，严重的还会产生波浪形状。如龙骨未调平就急于安装条板，再进行调平时，由于其受力不均产生波浪形状。轻质条板吊顶，在龙骨上直接悬挂重物，也易发生局部变形。吊杆不牢，引起局部下沉，由于吊杆本身固定不妥，或自行松动或脱落。格栅板自身变形，未加校正而安装产生不平，或者在运输过程中挤压变形。 ②防治措施。对于吊顶四周的标高线，应准确地弹在墙面上，其

	误差不能大于±0.5mm，如果跨度较大，还应在中间适当位置加设标高控制点，在一个断面要拉通线控制，且拉线时不能下垂。待龙骨调直调平后方能安装条板。应同设备配合考虑，不能直接悬吊的设备，应另设吊杆直接与结构固定，如果采用膨胀螺栓固定吊杆，应做好隐检记录。关键部位要做螺栓的拉拔试验。在安装前，先要检查板条平、直情况，发现不妥处，应进行调整。
接缝明显	①原因分析。板条接长部位的接缝明显表现在：一是接缝处接口白槎；二是接缝不平，在接缝处产生错台。 ②防治措施。做好下料工作，对接口部位再用锉刀将其修平，并将毛边修整好，用同颜色的胶黏剂对接口部位进行修补。用胶的目的：一是密合，二是对切口的白边进行遮掩。
吊顶与设备衔接不妥	①原因分析。装饰工程与设备工种配合导致施工安装完成后衔接不好。确定施工方案时，施工顺序不合理。 ②防治措施。安装灯具等设备工程应与装饰施工密切配合。安装格栅前必须完成水、电通风等设备工程检查验收方可进行。在确定方案和安排施工顺序中要妥善安排。

图书室

空间简介

图书室具有较高的空间高度，裸露黑色顶棚，白色乳胶漆墙面，原木色实木地板。图书室的书架同样是木饰面，高度控制在1600mm，能方便使用者随时拿到自己想看的书。书架进行了加固处理，避免发生安全事故。通往二层的旋转楼梯是原木地板与铁栏杆组成的，金黄色木饰面与白色铁栏杆的对比很具有英国风情。

材料

木地板、铁艺栏杆、钢结构旋转楼梯、乳胶漆。

技术难点、重点及创新点

本空间钢结构旋转楼梯是质量控制的技术难点、重点，施工前需要做好图纸深化和技术交底，准确的测量放线是保证安装位置精确的前提。

钢结构旋转楼梯施工艺

技术准备

①图纸、图集、规范、规程等。
②人员准备：按规定，配备持证人员上岗。
③组织有关人员熟悉图纸，进行图纸会审和交底，落实设计存在的问题和解决方法。
④编制分项施工方案。

生产准备

①与甲方现场代表协调，解决好现场用电、用水等问题。
②准备一切施工用机具、工具。

工程特点

①地脚螺栓的预埋精度（标高、轴线位移）直接关系到钢楼梯的精度定位和节点处理。

②必须采用合理的安装顺序，以清除安装积累误差，确保垂直度。
③钢结构安装均为高空作业，为保证人身安全，必须采取切合实际的安全措施。

设计有关技术要求

①材料：钢材、焊材满足设计图纸要求。
②钢柱下部用 C15 混凝土包至 ±0.000 处。
③钢构件表面彻底除锈（达到 ST3 级）后刷漆两遍，中间漆一遍，面漆两遍（银白色耐水耐候型面漆）。
④钢结构表面涂刷两遍防火涂料以达到防火要求。

钢结构的制作

①钢结构的制作与安装应符合《钢结构工程施工质量验收规范》GB 50205—2001 中的有关规定。
②有关焊接要求：构件在施焊时，应选择合理的焊接顺序，减少钢结构中所产生的焊接应力和焊接变形，采用预热、锤击和整体回火等方法也能达到同样目的。梁、柱焊接焊缝位置和焊缝高度应符合设计要求。其焊缝长度等于构件搭接长度，且一律满焊。
③为满足楼梯弧度和图纸要求，采用现场实测结构，深化钢结构图纸，工厂分段生产加工。加工生产必须严格按照图纸，偏差允许在国家规范以内。

钢结构安装

①由于施工现场狭小，且梁、柱的规格不大，重量轻，故现场立一根冲天柱，采用捯人工吊装。立柱安装：利用冲天柱上 2t 捯链就位。大梁安装：利用立柱和冲天柱上 2t 相对的捯链就位。转梯 Φ500 中柱安装：利用混凝土梁体作锚固，采用人字爬杆挂 5t 捯链竖立就位。转梯安装：采用由下而上分段局部上升的安装方法。顶梁安装：利用 Φ500 立柱及冲天柱，用 2t 捯链分别吊装。
②结构吊装时，应采取适当措施，防止产生过大的弯曲变形，吊装就位后，及时系牢支撑及其他连接构件，保证结构的稳定性。

地脚螺栓施工

①确定螺栓栽埋的控制线，了解原结构情况，螺栓栽埋位置必须准确，与埋件焊接牢固。

②当螺栓表面有锈蚀时，使用角磨机配电动钢丝刷打磨螺栓栽埋段，至露出金属光泽。

③螺栓保护应套塑料套管保护，防止施工碰撞，造成丝扣变形。

钢结构制作加工

①钢柱、钢梁、横条及支撑体系等加工总量约为29t。

②主要施工方法及制作工艺：

加工准备及下料→零件加工→小装配（小拼）→总装配（总拼）→成品检验→除锈、油漆、编号→两遍防火涂料。

③下料：

下料前，应对钢材表面质量进行检验，合格后，方可投料使用。严格施工，预备气割损耗量及焊接收缩量。

钢板下料时，必须找到切割符号及碰爬线符号，防止切错。检查几何尺寸。切割后必须清除氧化铁。

拼接：拼接按设计要求采用对接和搭接，全焊满焊透，焊缝外观几何尺寸符合相关标准规定。

④预防焊接变形措施：

预防焊接收缩，按《钢结构焊接规范》JGJ 81—91"附录六：焊接收缩余量"考虑加长量。

⑤焊接：

做焊接工艺技术交底。施焊前应检查焊工合格证有效期限，证明焊工所能承担的焊接工作。环境温度低于0℃，应预热。

焊接材料应按施工要求选用，其性能和质量必须符合国家和行业标准的规定，并应具有质量证明书。

电焊条：其型号按设计要求选用，必须有质量证明书。按要求施焊前经过烘焙。严禁使用药皮脱落、焊芯生锈的焊条。按说明书的要求烘焙后，放入保温桶内，随用随取。

选择合适的焊接工艺、焊条工艺、焊条直径、焊接电流、焊接速度、焊接电弧长度。

清理焊口：焊前检查坡口、组装间隙是否符合要求，定位焊是否牢固，焊缝周围不得有油污、锈物。

焊接速度：要求等速焊接，保证焊缝高度、宽度均匀一致，从面罩内看熔池中铁水与熔渣保持等距离(2～3mm)为宜。

焊接电弧长度：根据焊条型号不同而确定，一般要求电弧长度稳定不变。

焊接角度：根据两焊件的厚度确定，焊接角度有两个方面：一是焊条与焊接前进方向的夹角为60°～75°。二是焊条与焊接左右夹角有两种情况，当焊件厚度相等时，焊条与焊件夹角均为45°；当焊件厚度不等时，焊条与较厚焊件一侧夹角应大于焊条与较薄焊件一侧夹角。

清渣：整条焊缝焊完后清除熔渣，经焊工自检（包括外观及焊缝尺寸等）确无问题后，转移地点继续焊接。

立焊：基本操作工艺过程与平焊相同，但应注意下述问题：在相同条件下，焊接电源比平焊电流小10%～15%。采用短弧焊接，弧长一般为2～3mm。焊条角度根据焊件厚度确定。两焊件厚度相等，焊条与焊条左右方向夹角均为45°；两焊件厚度不等时，焊条与较厚焊件一侧的夹角应大于较薄一侧的夹角。焊条应与垂直面形成60°～80°角，使电弧略向上，吹向熔池中心。

横焊：基本与平焊相同，焊接电流比同条件平焊的电流小10%～15%，电弧长2～4mm。焊条的角度，横焊时焊条应向下倾斜，其角度为70°～80°，防止铁水下坠。根据两焊件的厚度不同，适当调整焊条角度，焊条与焊接前进方向为70°～90°。

仰焊：基本与立焊、横焊相同，其焊条与焊件的夹角和焊件厚度有关，焊条与焊接方向成70°～80°角，宜用小电流、短弧焊接。

尺寸超出允许偏差：对焊缝长宽、宽度、厚度不足，中心线偏离，弯折等偏差，应严格控制焊接部位的相对位置尺寸，合格后方准焊接，焊接时精心操作。

焊缝裂纹：为防止裂纹产生，应选择适合的焊接工艺参数和施焊程序，避免用大电流，不要突然熄火，焊缝接头应搭10～15mm，焊接中不允许搬动、敲击焊件。

表面气孔：焊条按规定的温度和时间进行烘焙，焊接区域必须清理干净，焊接过程中选择适当的焊接电流，降低焊接速度，使熔池中的气体完全逸出。

焊缝夹渣：多层施焊应层层将焊渣清除干净，操作中应运条正确，弧长适当。注意熔渣的流动方向。

焊后不准撞砸接头，不准往刚焊完的钢材浇水。低温下应采取缓冷措施。

不准随意在焊缝外母材上引弧。各种构件校正好之后方可施焊，并不得随意移动垫铁和卡具，以防造成构件尺寸偏差。隐蔽部位的焊缝必须办理完隐蔽验收手续后，方可进行下道隐蔽工序。

低温焊接不准立即清渣，应等焊缝降温后进行。

钢结构制造质量控制环节控制点一览表

序号	控制环节 控制点名称	控制内容	主控人	负责人	见证资料
1	材料进货、检验	表面质量、焊材规格、外观质量		质检员	检查记录

续表

序号	控制环节 控制点名称	控制内容	主控人	负责人	见证资料
2	放样、下料	确定零件实际尺寸		质检员	检查记录
3	组装、焊接	几何形状、焊接质量			检查记录

质量控制措施

①在整个施工过程中我们将始终把质量管理放在首位，要求每一道工序、每一个部位都必须是上道工序为下道工序提供精品，把质量责任分解到各个岗位、各个环节、各个工种，做到凡事有章可循，凡事有据可查，凡事有人负责，凡事有人监督，通过全方位、全过程的质量动态管理来保证工程高质量。

体育馆

②针对施工中较常见的质量通病，制定一系列预防措施，防患于未然，对薄弱环节重点防范，以达到提高工程质量的目的。
③钢材及焊接材料的品种、规格、性能，必须符合现行国家产品标准和设计要求。
④焊工必须经过考试合格，并取得合格证书，持证焊工必须在其考试合格项目及其认可范围内施焊。
⑤涂料、涂装厚度、涂层厚度均应符合设计要求。
⑥如若钢结构在出厂、运输及安装过程中钢结构偏差变形，采用现场扩孔的措施，根据现场情况调整。

安全控制措施

①严格执行的建筑施工现场安全防护标准，确保施工生产在安全条件下进行。
②安全员经常召开安全教育会议，有针对性地进行单项书面或口头重点交底，加强自防、自保能力。
③建立良好的工作秩序，在施工生产的同时，抓好工人的素质教育，增强法制观念，遵守劳动纪律和规章制度，每周召开安全生产、文明施工分析会。
④保持施工现场整洁，为施工人员创造一个良好的工作环境。现场机具、材料有序堆放，做到一头齐、一条线。保持规范化、制度化。
⑤吊装由专人指挥，不得违章蛮干，不允许超负荷作业。吊件下严禁站人。
⑥各种机械设备、电气部件要经常检查，做到安全可靠。
⑦各工种严格遵守安全操作规程。

餐厅

观澜湖大宅别墅室内装饰工程

项目地点
深圳市观澜观光路与高尔夫大道之间

工程规模
装修面积约 600m²

建设单位
宝能地产股份有限公司

设计单位
深圳瑞和建筑装饰股份有限公司

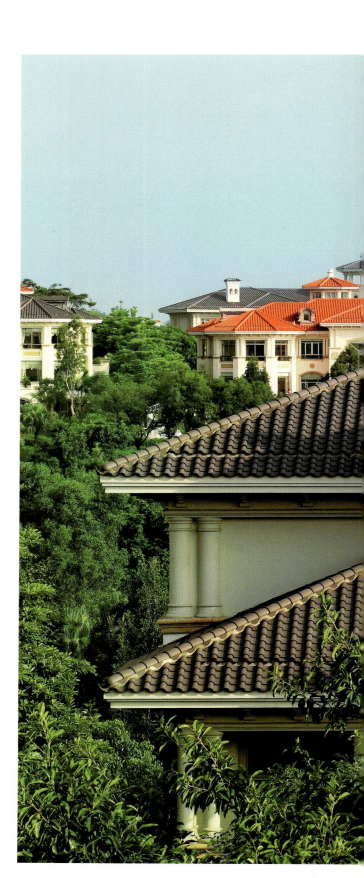

设计特点

别墅设计采用了美式田园风格，与传统的欧式风格相比，摒弃了烦琐和豪华，将各种不同风格中的优秀元素汇集融合在一起，追求舒适、自然的生活方式。

空间介绍

客厅

简介

观澜大宅整体设计风格偏美式古典，空间硬装设计部分采用古典线条来营造空间的古典感，墙面采用大量的实木古典花纹来诠释美式造型风格，客厅双层挑空，既利于空间气势感的表达又完美诠释了美式豪宅的奢华感。顶面顶棚跌级造型，收边角线采用经典美式造型元素，使顶面及墙面视觉效果分隔又统一在一个完整的空间里，客厅大面落地窗，直通专属私人花园，整个空间视野开阔，色彩明净、典雅，使人处于从容不迫、舒适宁静的状态，拥有欢快的心境。在软装设计部分采用深色的经典美式造型。家具摆放采用美式客厅经典围合式布局。

小会客厅

材料

大理石、地面石材、手工地毯、墙面白色饰面板、沙比利板、大理石装饰、夹板造型面饰乳胶漆、夹丝玻璃、顶棚轻钢龙骨石膏板吊顶。

技术难点、重点及创新点

顶棚采用木角线刷漆的施工工艺，角线造型复杂，施工精度要求较高，是此空间的施工重点和难点。

艺术品装饰

木角线刷漆施工工艺

工艺流程

清理木器表面→磨砂纸打光→上润泊粉→打磨砂纸→满刮第一遍腻子，砂纸磨光→满刮第二遍腻子，细砂纸磨光→涂刷油色→刷第一遍清漆→拼找颜色，复补腻子，细砂纸磨光→刷第二遍清漆，细砂纸磨光→刷第三遍清漆、磨光→水砂纸打磨退光，打蜡，擦亮。

施工注意事项

①刷漆前，一定要按照要求清扫干净基层表面，否则会影响油漆的涂刷效果。
②刷漆前，把施工周围环境打扫彻底，不要留有太多灰尘。
③涂刷油漆时，要在通风良好的环境下进行。油漆有刺鼻的气味，该气味是有一定毒性的。
④满刮腻子时，腻子要与涂料性能配套，坚实牢固，不得粉化、起皮、裂纹。
⑤涂刷油漆要均匀。
⑥雨天最好不要施工，施工温度高于10℃是比较合适的。
⑦已经刷好漆的部分，尤其是还未干透的，要用罩子或硬纸板遮挡保护，避免粘上灰尘，影响美观。

餐厅

空间简介

餐厅采用经典美式元素的壁纸，选用颜色比较沉稳的色彩打造美式的庄重感。延续造型线条的运用，传承了古典的元素。玻璃隔断同样是美式造型中的经典形象，增加通透感。餐桌选择简约弧形，与顶棚及空间造型呼应，营造了一种轻松自然的美式田园氛围。家庭聚会、亲朋好友相聚一堂的其乐融融的景象与此空间完美契合。软装的雕塑选择了国际象棋中马的形象，既表达了回归自然的意图，同时呼应了轻松娱乐的饮食文化。

材料

深咖网大理石、金碧辉煌大理石、深柏丽金大理石、白色饰面板、壁纸、局部玻璃，顶棚轻钢龙骨石膏板吊弧形顶。

餐厅

技术难点、重点及创新点

餐厅空间运用大量的壁纸，墙面壁纸与护墙板的施工工艺是此空间的施工重点和难点，需要加强施工前技术交底工作，处理好收边收口等细节。

壁纸施工工艺

工艺流程

施工前准备→画垂线→裁纸→闷水→刷胶→纸上墙→接缝处理→大面处理→接缝处理。

施工工艺

①基层处理：基层处理是直接影响墙面装饰效果的关键，应认真做好处理工作。对各种墙面总的要求是：平整、清洁、干燥，颜色均匀一致，应无空隙、凸凹不平等缺陷。
②首先对旧墙面墙体原抹灰层的空鼓、脱落、孔洞等用砂浆进行修补，清除浮松漆面或浆面以及墙面砂粒、凸起等，并把接缝、裂缝、凹窝等用胶油腻子分1～2次修补填平，然后满刮腻子一遍，用砂纸磨平。
③对木基层要求拼缝严密，不外露针头。接缝、针眼应用腻子补平，并满刷胶油腻子一遍，然后用砂纸磨平。

④涂刷基层处理材料。基层处理并干燥后，表面满涂基层处理材料一遍，要求薄而均匀，减少因不均而引起纸面起胶现象。

⑤墙面画垂线裱糊壁纸，纸幅必须垂直，才能使花纹、图案、纵横连贯一致。

施工时，在基层涂料涂层干燥后，画垂直线作标准。

取线位置从墙的阴角起，以小于壁纸 1～2cm 为宜。

裱糊时，应经常校对、调整，保证纸幅垂直。

⑥壁纸及基层涂刷胶黏剂。根据实际尺寸，统筹规划裁纸，裁好的纸幅应编号，按顺序粘贴。准备上墙裱糊的壁纸，纸背预先刷清水一遍（即闷水），再刷胶黏剂一遍。有的壁纸产品背面已带胶黏剂，可不必再刷。

为了使壁纸与墙面结合，提高黏结力，裱糊的基层同时刷胶黏剂一遍，壁纸即可以上墙裱糊。

⑦裱糊壁纸可采取纸面对折上墙。接缝为对缝和搭缝两种形式。一般墙面采用对缝，阴、阳角处采用搭缝处理。

裱糊时，纸幅要垂直，先对花、对纹、拼缝，然后用薄钢片刮板由上而下赶压，由拼缝开始，向外向下顺序压平、压实。

多余的胶黏剂则顺刮板操作方向挤出纸边，挤出的胶黏剂要及时用湿毛巾（软布）抹净，以保持整洁。

注意事项

| 裁剪壁纸 | ①裁纸最好由专人负责，在工作台上进行。如果是大、中卷壁纸，为了拉纸方便，宜将成卷的壁纸放在一个架子上，用一根铁棍或钢管穿过壁纸卷的轴心，这样在裁纸时能够拉而不乱。
②裁纸的尺寸主要根据要裱贴的部位下料。下料时，应比裱贴部位的尺寸长一点，因为壁纸在阴角及收回部位，往往让其多一点富余，然后再将多余的部分切割掉。要想做到在交接部位切割，壁纸必须大于要裱糊的实际尺寸，一般长 3cm 左右，例如墙与吊顶的交接部位，考虑到吊顶可能会局部不平，如果不是壁纸顺着边缘贴密实，那么很可能在某一部位露出"白茬"。所以，宜用切割的方法使其达到密实。
③如果室内净空较高，墙面宜分段进行，每一段的长度可根据具体情况适当掌握。一次裱糊的高度，如果从方便操作的角度考虑，宜在 3m 左右。
④壁纸应做到边缘整齐，特别是采用拼接法裱糊的壁纸，边缘整齐更显重要，如果是破损的边缘，应适当裁取。否则，边线不整齐，影响拼接的质量。|

刷胶黏剂	①刷胶黏剂操作并不难，可刷于基层，也可刷于壁纸背面。 ②如果是较厚的壁纸，如植物纤维壁纸等，应在纸背面及基层均刷胶黏剂。因为较厚的壁纸，胶刷得少粘不牢，刷很多又易于流淌，所以要双面刷胶。 ③裱糊塑料纸，正常情况下，宜将胶黏剂刷在纸背面。这样，由于刷后可以将壁纸胶面对胶面对叠码放，便于施工时拿取，又可防止胶黏剂中水分蒸发，刷过胶后起到闷水作用。
壁纸闷水	所谓闷水，是指用清水湿润纸面，使其能够得到充分的伸缩，免得在裱糊时遇到胶黏剂而发生伸缩不匀。如若伸缩不匀，则会表面起皱，影响裱糊质量。 ①裱糊普通塑料壁纸，提前闷水是必要的。闷水方法：用排笔蘸清水湿润背面，也可将裁好的壁纸卷成一卷放入盛水的桶中浸泡 3～5min，然后拿出来将其表面的明水抖掉，再静停 20min 左右。 ②如果裱糊墙面时是将胶黏剂刷在基层上，在裱糊时干的壁纸突然遇到湿的胶黏剂，由于遇水程度的差别会造成皱折现象，所以壁纸闷水是必要的。如果将胶黏剂刷在纸背面，实际上等于刷一道水，因胶黏剂不外乎是稠一点的水溶液。所以，裱糊中起皱现象会比前者少很多，如果由专人刷胶黏剂，刷过后再胶面对胶面对折存放一会，会使壁纸遇水得以充分伸缩。所以，将胶黏剂刷在纸背面，可不再进行闷水这道工序。
阴、阳角部位处理	①为了防止使用中开胶，裱糊时不要在阳角部位留拼缝。阳角部位多采用包过去的方法，在阴角处拼缝。对阴角部位，壁纸拼缝不要正好留在阴角处，而是搭入阴角 1~2cm。 ②阴、阳角及窗台等部位易积灰尘，应增刷 1~2 遍胶黏剂，以保证黏结牢固。 ③如果局部有卷边、脱胶现象，补贴时，可用毛笔刷白胶，将其补牢。这种现象多发生在窗台水平部位、墙与顶的相交部位。
大面积裱糊	①大面积裱糊前，宜先做样板间，根据使用的材料及裱糊部位，总结经验，统一操作要领。 ②有些质量上不易解决的问题，还需请有关单位共同研究解决。如图案拼接、花纹对称等，找出材料或施工方面的原因。
腻子的强度	①修补墙面所用的腻子，要有一定的强度，不宜单独使用羧甲基纤维素作为主要胶结材料。 ②在较潮湿墙面上裱糊完毕，白天应打开窗，适当加强通风；夜

	间将门窗关闭，防止潮湿气体侵入。
其他	①裱糊壁纸是在室内其他工种基本做完的情况下进行的。如果墙面裱糊前不久仍在打洞或堵洞，因堵洞的砂浆未能充分干燥，容易造成表面色彩不匀。如果裱糊后打洞，更是不妥，破坏了成品，局部难以修复。 ②裱糊壁纸，应在完全干燥的情况下再进行验收。因为有些缺陷只有在干燥的情况下，才能看出。

质量要求

①表面平整，无波纹起伏。壁纸、墙布与贴脸板和踢脚板紧接，不得有缝隙。
②各幅拼接横平竖直，拼接处花纹、图案吻合，不离缝，不搭接，距墙面1.5m处正视不显拼缝。
③壁纸墙布边缘平直整齐，不得有纸毛、飞纤。
④阳角不准留缝，阴角面要垂直挺括，壁纸贴好后应检查是否粘贴牢固，表面颜色是否一致，不得有气泡、空鼓、裂缝、翘边、皱折和斑污，1.5m远斜视无胶迹，预留电气孔洞大小合适。
⑤裱糊工程基体或基层的含水率不得大于8%。
⑥材料验收时应检查材料品种、颜色、图案是否符合设计要求。材料保存时要注意防潮、防火、防污染。成品保护方面重点杜绝硬伤、划伤。

卧室

空间简介

主卧室位于整栋建筑的三层，包含会客厅、书房、阳台、卫生间、衣帽间及睡眠区域，占据了三层近2/3的面积。主卧室顶棚造型相对较简约，墙面运用夹板做造型并涂白色饰面漆过渡，墙面运用白色硝基漆护墙板。床头背景棕色皮革软包，卧室内家具的颜色选择都是稳重的红棕色，与硬装的白色对比鲜明。主卧室的围合采光良好。顶棚运用石膏线做了简洁而富有层次的造型，营造轻松舒适的感觉。家具造型摒除了传统美式的烦琐粗犷，选择了优化的简洁造型，既有实木家具的品质感，同时又能够适应空间的轻快氛围。

材料

沙比利木板、清玻璃、白色硝基漆、顶棚角线、木地板、白色饰面板、壁纸装饰、顶棚轻钢龙骨石膏板吊弧形顶、墙纸。

卧室1

卧室2

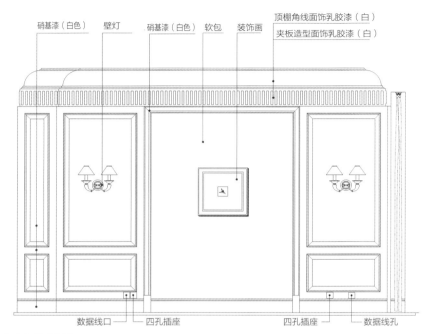

主卧室床头背景立面

技术难点、重点及创新点

床头背景的软包工艺是整个卧室空间的亮点，因此也是此空间的施工重点、难点。

软包施工工艺

工艺流程

基层或底板处理→放线→套割衬板及试铺→计算用料、套裁填充材料和面料→粘贴填充料→包面料→安装。

施工工艺

基层处理　在做软包墙面装饰的房间基层（砖墙或混凝土墙），应先安装龙骨，再封基层板。龙骨用轻钢龙骨，基层板采用 9mm 玻镁板；如在轻质隔墙上安装软包饰面，则先在隔墙龙骨上安装基层板，再安装软包。

放　　线　根据设计图纸要求，把该房间需要软包墙面的装饰尺寸、造型等通过吊直、套方、找规矩、弹线等工序，把实际设计的尺寸与造型放样到墙面基层上。

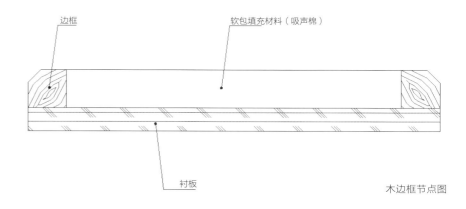

木边框节点图

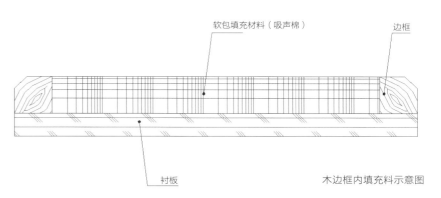

木边框内填充料示意图

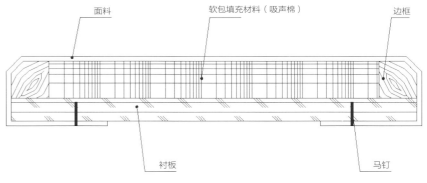

马钉位置示意图

套 割 衬 板	根据设计图纸要求，按软包造型尺寸裁割衬底板材，衬底厚度应符合设计要求。如软包边缘有斜边或其他造型要求，则在衬板边缘安装相应形状的木边框。
试 铺	按图纸所示尺寸、位置试铺衬板，采用射钉临时固定，尺寸位置有误的须调整好，然后按顺序拆下衬板，并在背面标号，待正式安装时粘贴填充料及面料。
计算用料、套裁填充料和 面 料	根据设计图纸的要求，进行用料计算和套裁填充材料及面料工作，同一房间、同一图案与面料必须用同一卷材料套裁。

粘贴填充材料	将套裁好的填充材料按设计要求固定于衬板上。如衬板周边有造型边框，则安装于边框中间。
粘贴面料	按设计要求将裁好的面料按照定位标志找好横竖坐标上下摆正，粘贴于填充材料上部，并将面料包至衬板背面，然后用万能胶及马钉背面固定。衬板必须进行防潮处理，刷一层光油。
安装	将粘贴完面料的软包按编号用免钉胶粘贴于墙面基层板上，并调整平直。

卫生间

空间简介

卫生间采用干湿区分开设计，体现豪宅品质生活的情调。洗手盆台面采用深木色饰面并配以白色大理石台面及双洗手盆设计使空间更加精致，墙面采用白色大理石饰面使整个空间明亮整洁，白色浴缸靠窗的设计，整个空间浪漫而清新。

卫生间

材料

西班牙米黄石材、雅士白石材、黑金花石材、大啡珠石材、樱桃木、银镜、顶棚轻钢龙骨石膏板。

技术难点、重点

卫生间具有盥洗、淋浴、化妆、洗衣等基本功能，决定了其用水频繁，如防水处理不当，就会通过一些不正常的途径发生渗漏，对使用造成严重影响，因此，卫生间的防水工作是本空间的施工重点和难点。

卫生间防水施工工艺

施工工艺流程

清理基层表面→细部处理→配制底胶→涂刷底胶（相当于冷底子油）→细部附中层施工→第一遍JS涂膜→第二遍JS涂膜→第三遍JS涂膜防水层施工→防水层一次试水→保护层饰面层施工→防水层二次试水→防水层验收。

施工方法与技术措施

防水层施工前，应将基层表面的尘土等杂物清除干净，并用干净的湿布擦一次。

涂刷防水层的基层表面，不得有凸凹不平、松动、空鼓、起砂、开裂等缺陷，含水率一般不大于9%。

涂刷底胶（相当于冷底子油）

①配制底胶，先将聚氨酯甲料、乙料加入二甲苯，比例为1∶1.5∶2（重量比）配合搅拌均匀，配制量应视具体情况定，不宜过多。

②涂刷底胶，将按上法配制好的底胶混合料，用长把滚刷均匀涂刷在基层表面，涂刷量为0.15～0.2kg/m²，涂后常温季节4h以后，手感不粘时，即可进行下道工序。

防水层施工（采用 JS 防水材料）

①施工中的涂膜防水材料，其配合比计量要准确，且必须用电动搅拌机进行强力搅拌。

②附加层施工：地面的地漏、管根、出水口，卫生洁具等根部（边沿），阴、阳角等部位，应在大面积涂刷前，先做一布二油防水附加层，两侧各压交界缝 200mm。涂刷防水材料，具体要求是，常温 4h 表干后，再刷第二道涂膜防水材料，24h 实干后，即可进行大面积涂膜防水层施工。

③涂膜防水层：
第一道涂膜防水层：将已配好的防水材料，用塑料或橡皮刮板均匀涂刮在已涂好底胶的基层表面，不得有漏刷和鼓泡等缺陷，24h 固化后，可进行第二道涂层。

第二道涂层：在已固化的涂层上，采用与第一道涂层相互垂直的方向均匀涂刷在涂层表面，涂刮量与第一道相同，不得有漏刷和鼓泡等缺陷。

除上述涂刷方法外，也可采用长把滚刷分层以相互垂直的方向分 4 次涂刷。如条件允许，也可采用喷涂的方法，但要掌握好厚度和均匀度。细部不易喷涂的部位，应在实干后进行补刷。

④在涂膜防水层施工前，应组织有关人员认真进行技术和使用材料的交底。防水层施工完成后，经过 24h 以上的蓄水试验，未发现渗水漏水为合格，然后进行隐蔽工程检查验收，交下道施工。

成品保护

①已涂刷好的防水层，应及时采取保护措施，在未做好保护层以前，不得穿钉鞋出入室内，以免破坏防水层。

②突出地面的管根、地漏、排水口、卫生洁具等处的周边防水层不得碰损，部件不得变位。

书房

③地漏、排水口等处应保持畅通，施工中要防止杂物掉入，试水后应进行认真清理。

④防水层施工过程中，未固化前不得上人走动，以免破坏防水层，造成渗漏的隐患。

⑤防水层施工过程中，应注意保护门口、墙面等部位，防止污染成品。

图书在版编目（CIP）数据

中华人民共和国成立70周年建筑装饰行业献礼.瑞和装饰精品/中国建筑装饰协会组织编写；深圳瑞和建筑装饰股份有限公司编著.—北京：中国建筑工业出版社，2020.7

ISBN 978-7-112-24878-0

Ⅰ.①中… Ⅱ.①中… ②深… Ⅲ.①建筑装饰-建筑设计-深圳-图集 Ⅳ.①TU238-64

中国版本图书馆CIP数据核字（2020）第033667号

责任编辑：王延兵　郑淮兵　王晓迪
书籍设计：付金红　李永晶
责任校对：张惠雯

中华人民共和国成立70周年建筑装饰行业献礼
瑞和装饰精品

中国建筑装饰协会　组织编写

深圳瑞和建筑装饰股份有限公司　编著

*

中国建筑工业出版社出版、发行（北京海淀三里河路9号）
各地新华书店、建筑书店经销
北京方舟正佳图文设计有限公司制版
北京雅昌艺术印刷有限公司印刷

*

开本：965毫米×1270毫米　1/16　印张：14½　字数：339千字
2020年10月第一版　2020年10月第一次印刷
定价：200.00元
ISBN 978-7-112-24878-0
　　　（35416）

版权所有　翻印必究
如有印装质量问题，可寄本社图书出版中心退换
（邮政编码 100037）